成功ではなく、幸福について語ろう

被拒绝的勇气

写给年轻人的阿德勒心理学课

[日] 岸见一郎 著
何慈毅 译

北京联合出版公司
Beijing United Publishing Co.,Ltd.

图书在版编目（CIP）数据

被拒绝的勇气 /（日）岸见一郎著；何慈毅译. —
北京：北京联合出版公司，2020.4（2025.7重印）
ISBN 978-7-5596-3942-4

Ⅰ.①被… Ⅱ.①岸… ②何… Ⅲ.①成功心理—通
俗读物 Ⅳ.① B848.4-49

中国版本图书馆 CIP 数据核字 (2020) 第 012382 号

北京市版权局著作权合同登记　图字：01-2020-0242

SEIKO DEWANAKU, KOFUKU NI TSUITE KATARO
by ICHIRO KISHIMI
Copyright © 2018 ICHIRO KISHIMI
Original Japanese edition published by GENTOSHA INC.
All rights reserved
Chinese (in simplified character only) translation copyright © 2020 by Beijing Xiron
Books Co., Ltd.
Chinese (in simplified character only) translation rights arranged with
GENTOSHA INC. through Bardon-Chinese Media Agency, Taipei.

被拒绝的勇气

著　　者：［日］岸见一郎
译　　者：何慈毅
选题策划：北京磨铁图书有限公司
责任编辑：郑晓斌　徐　樟
封面设计：门乃婷工作室
内文排版：刘龄蔓

北京联合出版公司出版
（北京市西城区德外大街 83 号楼 9 层　100088）
三河市中晟雅豪印务有限公司印刷　新华书店经销
字数 92 千字　880 毫米 ×1230 毫米　1/32　7.5 印张
2020 年 4 月第 1 版　2025 年 7 月第 19 次印刷
ISBN 978-7-5596-3942-4
定价：55.00 元

版权所有，侵权必究
未经许可，不得以任何方式复制或抄袭本书部分或全部内容
本书若有质量问题，请与本公司图书销售中心联系调换。电话：（010）82069736

目录

第一章　当你感觉自己离成功越来越远 / 001

　　我们不得不承认这样一个事实：付出努力，也不一定会获得成功。

　　然而，我们依然要有直面人生的勇气。

　　成功和幸福并不对等，幸福关乎存在，而成功关乎过程，哪怕被成功所拒绝，我们也有获得幸福的资格。

现在，让我们来谈谈幸福 / 003

怎样面对无人理解的绝望和痛苦 / 016

模仿别人的"幸福"，意味着深深的自卑 / 026

让自己拥有直面人生的勇气 / 031

如果你不愿接受过去的自己 / 035

当你的人生，一直遭遇不顺 / 040

第二章　除了自己，没有任何人能决定你的价值 / 061

生命是每个人自己的课题。如果随波逐流，依靠别人去做决定，那么无论长多少岁也不能算得上成熟。

成熟是指：自己的课题自己做决定，自己的人生自己负责，自己的选择自己接受。

自己的价值，也要由自己来诠释。哪怕被指责、被否定、被世俗的规则抛弃。

今后的人生如何度过？——致少年的你 / 063

自己的课题，要自己负责 / 066

培养自我价值感：我决定我的价值 / 073

别人的评价≠你的自身价值 / 081

丢弃以自我为中心的思维模式 / 083

只要存在，就有价值 / 088

明天不能被设计，先关注脚下，才能看到远方 / 096

当别人总是否定你、指责你 / 102

为什么你在人际关系中总是感觉压抑 / 119

第三章　无法回应他人的期待，那又怎样 / 125

除了自己本身，那些附属于自己的金钱、名誉以及工作等，与真正的幸福完全无关。

他人所认为的成功，未必是真正的成功。

必须要拿出勇气去做与人们的期待完全相反的行动。总是按照社会的期待行事的人，最后也会失去自我。

不必回应他人的期待 / 127

我们一定要志存高远吗 / 131

即使是家人，也别相互干涉 / 137

敢于孤独的人，才能肯定自己 / 143

他人眼里的精彩，未必是真正的成功 / 146

被拒绝的勇气

第四章 敢于活在当下，是一种勇气 / 153

我们想起过去就会后悔，但是应该知道，过去的已经不复存在。

我们也会为还没有发生的事情而担忧。但既然事情还未发生，过度的忧虑就是徒劳的。

放下过去，看淡未来，才能告别不安。

放下过去的勇气 / 155

看淡未来的勇气 / 158

与其担心未来，不如为今天全力以赴 / 162

父母的课题，不是干涉孩子的未来 / 166

亲密关系中，如何让对方愿意听你的 / 171

对他人的不满，源于对自己的焦虑 / 177

告别彷徨不安、拒绝挑战的自己 / 182

第五章 在人际关系中展现自己的价值 / 189

阿德勒说:"所有烦恼都来自人际关系。"

人际关系错综复杂。进入人际关系,就一定会经历受伤,或讨人嫌弃,或被人憎恨,或遭人背叛。

但幸福很难仅仅依托于自己而存在,真正的幸福,是存在于人际关系中的。

想要处理好人际关系也很简单:在关系中展示自己的价值,并且永远相信自己的价值。

真正的幸福存在于摩擦之中 / 191

如何向外展示自己 / 195

让自己拥有敢于进入人际关系的勇气 / 200

无论何时,相信自己是有价值的 / 204

怎样面对束手无策的未来 / 209

如何面对非理性的爱人 / 212

活在当下,但也要有打破现状的勇气 / 219

后 记 / 223

第一章

当你感觉自己离成功越来越远

我们不得不承认这样一个事实：付出努力，也不一定会获得成功。

　　然而，我们依然要有直面人生的勇气。

　　成功和幸福并不对等，幸福关乎存在，而成功关乎过程，哪怕被成功所拒绝，我们也有获得幸福的资格。

现在,让我们来谈谈幸福

你觉得现在幸福吗?或许,没有人特意问过你这个问题。我想也是,沉浸在幸福之中的人是不会考虑这个问题的;而现在觉得不幸的人,反而会想方设法去探求什么才是幸福。

有这样一件事情。

最近我的女儿结婚了。我想,女儿当时一定认为自己已经到达了幸福的顶峰。若果真如此,那么今后会怎样呢?只能是越来越不幸福吧。当然,我女儿是不会这样想的。但是,有些人认为即便现在到达了幸福的顶峰,

被拒绝的勇气

幸福也不可能永远持续下去。对于这些人而言，现在的幸福或许是不幸的开始。只有这样的人才会在幸福的时候，就开始思考"什么是幸福"这个问题。

哲学家三木清在其《人生论笔记》一书中说：

人类的幸福需求正处于被抹杀的边缘。

三木清生活的那个年代，属于不可以明确谈论个人幸福的时代。我们所处的时代，虽然与三木清所处的时代不同，但是与他所处的那个时代还是十分相似的。我认为，如何对待个人幸福，这是一个重要的问题。

对于我们现在要探讨的"何谓幸福"这个问题，不晓得答案的人，或许正感到一筹莫展。他们不知道该从何处思考，该如何进行思考。

面对这样的问题，若是答案能够像将硬币投入自动售货机，罐装饮料就会一下子自动出来那般简单就好了，可惜并非如此。正如有时候我们投入了硬币也没有任何东西出来一样，人世间没有答案的问题比比皆是。

那么，若是没有答案，是否就失去了提问的意义呢？这也未必。"何谓死"这个问题就是一个例子。三木清说过："死是一种观念。"人只要还活着，虽然可体验他人的死，但却无法体验自己的死。从这个意义上来说，有关"何谓死"这个问题，无论你怎么思考，都是毫无意义的。但是，对于没有答案的问题进行思考，并非毫无意义。为什么这么说呢？接下来我将告诉各位。

有必要给幸福下定义吗？

有关幸福的问题，我觉得也与上述问题相似。假如哲学家想要探讨"幸福"这个问题，首先会对幸福下一

被拒绝的勇气

个定义。他们认为，若是在探讨时没有一个明确的定义，讨论就很难进行下去。这种做法本身没有错。

柏拉图以对话的形式留下了一系列的作品。在许多篇对话中，是以苏格拉底之名与年轻人进行对话的。比如有一个以"何谓勇气"的提问开始的对话。最初，对话的另一方没有理解苏格拉底提出的"何谓勇气"这个问题的意义，便列举了有关勇气的例子。但是，无论是列举勇气的例子，还是思考如何才能拥有勇气，这都显示你必须已经知道"何谓勇气"。这次对话结局是，最终我们还是无法回答"何谓勇气"。

我想肯定有人会想，既然如此，这样的议论不是毫无意义吗？其实不然，其意义正在于寻找答案的过程。即便最终没能找到"何谓勇气"的答案，但其能够使我们明白思考的路线以及如何进行思考，所以我们就不会朝着错误的方向去寻找答案了。

"何谓幸福"这个问题也一样，我们若是希望得到幸福,那么就必须去认真思考。然而,可以预计,我们寻找"何谓幸福"这一问题的答案,最终也很可能得不到结果。对于诸如此类的问题,究竟能否找到答案,目前还无人知晓。但是,在我们寻找"何谓幸福"的答案的过程中,答案的路线或者说方向性,哪怕是有一丁点弄明白了,也是值得的。

有关幸福,我们处于全知和无知之间

我们说过不知道能否找到定义,那么是否在目前这个时间点,我们对"何谓幸福"这个问题完全无知呢?那也不然。即使对"何谓幸福"不是完全了解,但也还是知道一点的。没有人会去追求完全无知的事物。我们在这里所说的,并非单纯地指完全无知的人因为什么都不知道所以无知,而是指正因为我们了解自己处于完全知觉的状态,所以才明白现在的自己是无知的。

因此,可以说我们处于全知、完全知觉的状态与无知之间。想要弄清楚幸福究竟是什么的人是热爱求知的人,是哲学家,他们并非什么都不知道。我们虽然不是完全明白,但还是知道什么是幸福的。

假设现在你觉得自己不幸福,那是因为你知道什么是幸福。正因为你明白什么是幸福,所以才知道现在自己不幸福。或者,更进一步说,你曾有过幸福的经验,又或者你现在其实很幸福,只是自己没有察觉到而已。

成功与幸福

三木清说过幸福感与幸福不同。比如,使用了药物或者喝了酒以后处于酩酊状态,心情变得十分畅快,这

第一章　当你感觉自己离成功越来越远

不是幸福而是幸福感。

看一下我们这个社会，有人高喊着动听悦耳的口号，大家还众星捧月般地去凑热闹。这时，他就会兴奋起来，就会有一种幸福感。但是这种东西究竟是不是幸福呢？很值得怀疑。

确实，这时候的人心情很舒畅，但有时候冷静下来一想，就会思考这样是否真的很好。有时候，当你还沉浸在类似的兴奋之中，世界却正朝着你未曾想到的方向发展。因此，你必须得明白幸福与幸福感是完全不同的。

进而言之，有别于幸福感的幸福是一种极为理性的东西，因而我们必须理性地去判断如何才能幸福，而不是光凭一时的意气与兴奋就做出选择。

一个社会，若是借助于感情，或凭感觉去鼓动人们，又或者沉迷于诸如此类的东西，是非常危险的。

三木清以幸福不同于幸福感为前提进行了如下阐述：

被拒绝的勇气

> 当成功成为人们的主要问题时,幸福就已经不再受人们关注了。(《人生论笔记》)

当人们都以为成功就是幸福时,就没有人会去思考"何谓幸福""什么是真正的幸福"了。三木清虽然是"二战"时期的哲学家,但当我阅读三木清所写的著作时,总觉得他是在论述当今的社会问题。

三木清接着还说:

> 自从人们把成功与幸福,以及不成功与不幸福等同看待以来,就再也不能够理解什么是真正的幸福了。

确实,这种情况我们已经自然接受且毫无反省。比如,有人认为上好的学校,进好的公司,生活富裕了就是幸福。但三木清则认为这是成功而不是幸福。

幸福是质的概念，成功是量的概念

要说两者有何不同，首先幸福对于每个人而言是独创的，属于质的范畴。而成功则是普遍的，属于量的范畴。

之所以说幸福对于每个人而言是独创的，是因为幸福只适用于当事人，对当事人而言是幸福，但对其他人而言却未必。

说幸福属于质的范畴就是这个意思。若是量的东西，别人就可以模仿。若是谁都可以办到的事情，就会有人出来模仿并追随。《被讨厌的勇气》成了畅销书，这还得多谢各位读者。但是，畅销是量的范畴，书畅销了就会有人出来模仿。同样装订的书在书店比比皆是。也不是说把书弄成了同样颜色就一定畅销，但是当人们把畅销看作一种量的成功时，就会进行模仿。

但是对我而言，畅销并非意味着成功，而是幸福。当然，能卖出去很多也是值得感激和庆幸的，但我的幸

被拒绝的勇气

福不是数量能够衡量的。当我收到来信说《被讨厌的勇气》和《接受幸福的勇气》到了应该得到的人的手里,这位读者因此改变了自己人生的时候,我就会觉得写书真好。

幸福与成功的区别就在于此。这是第一点。

即便一事无成,也可以幸福

第二点,就是幸福关乎存在,而成功关乎过程。三木清认为,成功与进步一样,是直线向上的,同时他还指出幸福本来就没有进步这一元素。幸福是一种存在,并非过程。意思是我们此时此刻在此地活着就是幸福,就是说不一定要为了幸福去成就什么。

但是,成功则不然。必须上好的学校,然后要进好的单位。认为不能做到这些就不能说是成功。对于把成功与幸福等同看待的人而言，现在没有成功就不是幸福。

不过，人不是因为经历了一些什么才会得到幸福的。相反，也不是因为经历了什么事情就不幸了。有关幸福，是不能使用"变得"一词的。也就是说，我们不是"变得"幸福，而是"就有"幸福。

我在《被讨厌的勇气》中说过："人在当下的瞬间就能感到幸福。"所谓"在当下的瞬间就能感到幸福"，意思并不是说之前不幸福，而是我们实际上已经"有"幸福了，只是自己没有意识到而已。因此，从意识到幸福存在这个意义上来说，我们"变得"幸福了。若是你明白这一点，即使什么也没有完成，也可以说你瞬间得到了幸福。

这不是说你以前不幸福而现在幸福了，而是指你必须意识到你从前就一直是幸福的。三木清想要说明的就是这一点。

被拒绝的勇气

另外，为了成功，你就非得完成各种事情不可。当被问到是否幸福时，自己觉得不幸福的人会说，他还没有完成某个目标，比如说遇见一个自己喜欢的人，认为只要能跟对方结婚就会幸福。但这不是三木清所说的幸福。

认为达到了目标就会幸福的人，当他完成了某个目标，在完成此目标的同时又会制定出新的目标。正如海市蜃楼，无论怎么努力总是到达不了幸福。这样的人把幸福与成功混为一谈了。

幸福关乎存在，成功关乎过程，若对于这两者的不同再做一点补充，那就是"成功是幸福的手段"。虽然三木清并没有这样说过，但由于许多人认为"成功就必然能幸福"，对这些人来说，成功并不只是幸福的手段。

下面，我在各章的最后都有对各种咨询进行回答。有时候即使看上去是与自己没有直接关系的问题，但是当你读到这些回答时，或许能够明白如何找到解决问题的线索吧。而且，也能更加深刻地理解本书的主题——幸福。

怎样面对无人理解的绝望和痛苦

咨询：

为深爱的家人从事着一份不错的工作，但对人生的绝望感还是周期性袭来，应该如何继续下去？

▫ ▫ ▫

我的苦恼是定期袭来的绝望与失望。

这种感觉很多时候是与朋友及单位同事开开心心地喝过酒以后，在回家的路上袭来的。

平时如痴如醉地扑在工作上，工作结束后便去酒馆喝酒买醉。休息日和家人一起愉快地度过闲暇时光，然后又回到公司醉心于工作中。

如此苍白而不断循环的日子，感觉自己完全就像索多玛的居民一样，或者就像是三岛由纪夫所预言的人。

荒唐无由的空虚在我回家的路上突然涌上心头，使得我步履蹒跚难以前行。虽然有一份不错的工作，拥有深爱的妻子儿女，但是失望的感觉依然有增无减。想要寻找从中解脱的办法，人生太过短暂，而我又太过愚钝。

好不容易找个人来诉说一下折磨我的这种感觉，但总是得不到对方的共鸣。希望您能借我一点智慧。

（工薪阶层，30岁，男性）

被拒绝的勇气

> **回答:**
>
> 越是想真诚地生活,就越是不能回避这个问题。
>
> 不过,所谓"不错的工作"和"深爱的家人"不是你人生成功的证明。

现在的人生究竟是否值得继续?人生的意义究竟为何?

对于这样的问题,越是想真诚地生活下去,你就越是不能回避。

我第一次感到"荒唐无由的空虚",是在我上小学的时候。不知道你所感觉到的空虚是否和我的相同,我当时突然想到的是自己目前虽然有着各种各样的感觉,进行着思考,但若是死了也就万事皆空了。

既然人终有一死,为何又一定得活着呢?

我清晰地记得这个问题让我无比绝望以至于彻夜难眠,但看到周围的大人们谈笑风生,活得很开心,感到很吃惊，心想难道他们不知道人生有限吗？

因为发生过这样的事情，所以我选择了学习哲学，觉得自己应该找出"既然人终有一死，为何又一定得活着？"这个问题的答案。

坦率地说，到现在我都没觉得自己已经找到了这个问题的答案。因为这和其他事情不同，我们品尝百味，但只有"死"这件事，在人活着的时候，任谁都无法经历，所以要说是否有答案，实在没有。

即便如此，也不是说没有答案就无法活下去了，而是没有答案也必须活下去。

阿德勒指出，万事虚妄人生短暂，人们不可能知道将会发生何事。你也说了空虚及人生短暂，你也同意人们不可能知道将会发生何事吧。

就算目前看上去万事皆顺，但谁也无法预料这种状况能够持续到何时。其他的事情突然发生，或许可以应付，但是"死"这件事情因为不知道何时会来临，所以一想

被拒绝的勇气

到死就会不安起来。

你的"绝望与失望"就是在这种空虚和不安中产生的,但我觉得这不是它"找到了你"。你只有认识到无论是酩酊大醉后的绝望,还是醉心于工作,都是你自找的,才会看清楚为何这些事情会发生在你身上。

无奈的空虚来袭时有一定的模式

与其说绝望和失望"定期"袭来,不如说是你自己招来的,绝望来时是有一定模式的。

也就是说,荒唐无由的空虚是在与朋友及单位同事一起开心地喝过酒以后的回家路上袭来的,当你还在喝酒的时候并未感到这种空虚。休息日,和家人在一起时也没有这种空虚。

但是,开心地喝过酒以后在回家的路上空虚袭来,和家人一起愉快地度过闲暇之后又"醉心"于工作。在我看来，无论是真喝醉了，还是醉心于工作，你都是为了想要忘记什么，或者是想从什么事情中逃脱出来才会进入一种酩酊的状态。

坦率地说，我觉得你不能醉，必须保持清醒。很明显，就算你喝醉了也无法从"绝望和失望""荒唐无由的空虚"中逃脱，所以你只能面对。

不过，也不是没有突破口。

首先，你可以改变与朋友、单位同事和家人相处的方式。绝望的人往往会变得懒得与人交往，但是你并没有回避人际关系。

问题在于如何与朋友或家人交流。我觉得你不能把与朋友和家人愉快的相处当作逃避空虚的手段。虽然一想到将来你就会感到不安，但是你不要为还没有发生的事情烦恼，尽情地享受与朋友或家人在一起度过的时光即可。你正玩得高兴时，去考虑将来的事情会很

被拒绝的勇气

扫兴。

其次，有关工作，也可以改变一下投入方式。绝望的人是不想工作的，而你还在工作着，只是对你醉心于工作有些担心。

工作狂有时会以工作忙为由而疏忽了家庭。其实，疏忽家庭是为了从家庭问题中逃脱出来，于是忙于工作。而你不一样，你还是重视家庭的，所以看来你并不是想要从家庭中逃脱，而是为了从"人生"这个大问题上转移视线，便以酩酊状态埋头工作，并由此来逃避不安。

不过，我希望你在工作时也保持清醒，和与朋友或家人相处的时候一样，专心致志地投入工作。

空虚之所以会袭来，是因为你当时没能集中思想。娱乐也好工作也罢，都一样。包括对于死亡的问题在内，都是你因为未知的事情而不安。若是你思想集中的话，就不会去考虑未来的事情了。

第一章 当你感觉自己离成功越来越远

还有就是当你醉心于工作的时候,究竟能否从工作中获得快乐?我觉得这里也有突破口。

人生有限,无可奈何。但并不是因为活在有限的人生中,就一定会感到空虚。

阿德勒说过:"人生虽然有限,但漫长得足够你去好好地活。"

"很好的工作"或"深爱的家人"并非成功的证明

究竟如何才能使得有限的人生过得有价值呢?

有一次,当阿德勒被问到"人生的意义为何"时,他是这样回答的:

"不存在人生的意义。"

只是读这句话,我们会觉得似乎阿德勒是在说人生毫无意义。但是,他又继续往下说:

被拒绝的勇气

"人生的意义是你自己赋予的。"

读了这句话就会明白,阿德勒并不是说人生毫无意义,而是说没有一个适合于任何人的普遍的人生意义。

若说普遍的人生意义,其实你已经找到了——你有一份"不错的工作",拥有"深爱的妻子儿女"。能够拥有这些是值得庆幸的,周围的人也许会很羡慕。

但是,我觉得你不可以把有一份"不错的工作"和拥有"深爱的妻子儿女"看作普遍意义上的成功。也就是说,如果你不是从表示地位的工作中,而是从其他人不能胜任的工作中;不是从显示身份的家庭中,而是从与你所独钟的妻子儿女共同生活中获得喜悦的话,那么这就不是成功而是幸福。

幸福的人生不会空虚,它能给我们带来充实的意义。我们不是因为成就了什么而变得幸福,也不是因为失去了什么而变得不幸。

第一章　当你感觉自己离成功越来越远

如果你明白你现在这样子就已经幸福了,那么你就不用害怕会失去这些,也无须通过买醉来消除你所说的恐惧和不安了。

模仿别人的"幸福",意味着深深的自卑

> **咨询:**
> 无论是住房还是给孩子取名,都被妹妹模仿,我深感困惑。

◊ ◊ ◊

我因为不能与妹妹相互理解而感到苦恼。

我和妹妹都结婚了,我在公寓大厦买了一套住宅。妹妹结婚后最初因妹夫的工作关系住在外地,可两年前搬到了我家附近住。

第一章　当你感觉自己离成功越来越远

　　我是考虑到我丈夫上班方便,所以买了公寓大厦的住宅,而妹妹他们与这里既无地缘关系,也不是为了上班方便。

　　不到一年时间,妹妹一家搬进了我们同一座公寓大厦。最初去妹妹家的时候,看到她家室内装潢和我们十分相似,就感到很吃惊。我丈夫也感到很惊讶。有好几件东西都和我们的一模一样。

　　我跟她说别老学我们,虽然最终买了同样的东西,但希望她能稍稍考虑到我们的心情。可是她完全不予以理解,反而说我是"被迫害妄想症""自我意识过强",等等。他们还说"为什么我买东西要问你们啊"。

　　更有甚者,连给孩子取名也相似。她有一个孩子和我们的孩子同岁,幼儿园和小学都跟我们的孩子在一起。

　　如果她跟我们说"觉得挺不错的,请允许我学学你们",或者说"都是跟你们学的,不好意思啦"等,

被拒绝的勇气

这样我也会觉得她是考虑到了我们的心情,可反而说我是"被迫害妄想症",弄得我心里很不舒服。

我把这事告诉了父母,但父母对我说她"是妹妹,你就忍着点吧"。今后若是一直住在附近的话,是否能稍稍相互理解一点呢?真的很苦恼,怎么办才好呢?

（主妇,42岁,东京都）

---- 回答：----------------------------------

妹妹要模仿的是你的"成功",不是你的"幸福"。

对于妹妹而言,姐姐是一直在自己前面的领跑者。

而对于姐姐来说,因为自己做什么都是第一次,所以很多时候会失败。妹妹是学着姐姐成长起来的,并掌握了其中要领,尽量不再重蹈姐姐失败的覆辙。而且她也知道,姐姐成功了,她只要照着姐姐的样做就可以了。

有这样一位聪明伶俐的妹妹，努力奋斗的姐姐有时候肯定会感到可气可恨吧。

有的妹妹一直在等待机会，看到在自己前面领跑的姐姐稍有懈怠，便一下子赶超过去。确实有妹妹超过姐姐的。

可是，你妹妹总是跟在你的后头，一味地模仿，并没有想着要超过你，这是因为她觉得若是做得和你不一样就一定会失败。

"幸福"是模仿不了的

觉得自己超越不了姐姐，这就是妹妹的自卑。对此，你也无可奈何吧。不过，只有一件事情是你可以做到的。

要知道妹妹想要模仿的是你的"成功"，而不是你的"幸福"。购买公寓、室内装潢、孩子取名、孩子上的学校,这些都是可以模仿的,而且你妹妹也是这样做的。

但是,就像前面说过的那样,那只是"量"的成功。很多时候,成功会被看作幸福。若是你成功了,别人看到了就会想要模仿,或是嫉妒你。

另外,幸福属于"质"的东西,别人既不可能模仿,也不能够嫉妒。一家团圆就是幸福的一个例子。不是跟别人,而是跟自己的孩子、丈夫一起吃饭,说说笑笑,即便不是去高级饭店用餐,共享在一起的时间,就是幸福。

你能做的就是,去追求你妹妹不能够模仿的质的幸福。

让自己拥有直面人生的勇气

> **咨询：**
> 每天都很犯愁，为抚养孩子感到不安和担心。虽然很想快乐地生活，可是……

▫ ▫ ▫

我总是负面地看待事情，总是心情郁闷，很想改变这样的自己。

一年前生下长子就患上了抑郁症，经历了一段非常痛苦的时期。所幸现在康复了，但再也不想有第二

被拒绝的勇气

次了。

可是,我的性格完全符合"抑郁型人格"的特征,为担心自己今后是否很难克服这种痛苦而感到非常不安。

很想改变自己看待事物的方法,每天能够开开心心地过日子,可是现在不是为了即将进入托儿所的儿子担心,就是想着若是有了第二胎自己是否能够抚养,反正总是因为各种未知的事情而心烦意乱。

如何才能不去想那些不必要的担心,每天愉快地生活呢?

(公务员,32岁,女性)

> **回答：**

别担心！今天就想今天的事即可。

当我们设想未知的将来时，人人都会感到不安。

但是，我们不能因为这种不安而把每天的生活弄得死气沉沉。我们静下来想一想，如何才能改变"对事物的看法"？

其一，您儿子的事情。

要相信他在进入托儿所以后能够以自己的能力和老师、小朋友们和睦相处。就算是父母，也不可能和孩子一起待在托儿所生活吧。因此，若有必要，就跟儿子交代一下，告诉他有什么不会的就跟老师说。当孩子需要你们帮助的时候，你们就做一些力所能及的事情就行。

独立是孩子的必修课，而处理好分离焦虑，却是父母的必修课。

很多时候，孩子并没有向你寻求帮助，做父母的就抢先去做了。比如,怕孩子绊倒而急忙将路上的石头踢开,在这种"预见性的保护"之下,孩子的确暂时不会受伤,但也失去了直面挫折的机会。

有时候,我们还是有必要让孩子从失败中学习,痛才是成长。

其二,不要为将来的事情担忧。

哪怕是明天的事情,不到明天就不知道究竟会发生什么。既然如此,明天的事情就到明天再考虑,我们过好今天就已经很好了。

至少,你应该这样想,生第一个孩子时的难关,你早就闯过了,那第二胎一定没问题吧。

这就是我们说的,凡事往好的方面想。

如果你不愿接受过去的自己

----| 咨询： |--

年轻时在酒吧跟客人说了谎，骗了客人很多钱。这种罪恶感到现在也无法释怀，感到很痛苦。

❏ ❏ ❏

我是一个三十岁的女性，从事售货员工作。因自己过去做坏事留下的罪恶感，现在时常觉得很痛苦。

上大学时，因为需要钱，便在酒吧打工。工没打多久就辞了，但私下里却与其中一位客人经常有联系，

被拒绝的勇气

慢慢地,他开始给我买名牌商品。对方是位未婚的年轻人,涉世未深,所以两人从未有过肉体上的关系。我骗他说自己付不起学费不知道该怎么办,于是他给了我四百万日元的现金,作为我的留学费用以及在当地的生活费。之后我就有意识地与他断绝了联系,出逃一般地出国留学了。

自此十年过去,如今我在日本有了一份稳定的工作。正因为年轻时候贪恋于"不劳而获",所以现在工资很低,生活十分艰难。虽然这一切都是自作自受,不过有时候一想起这些事情,就会因罪恶感而觉得内心煎熬。

我想请教您一下有没有什么好的办法。

(销售,30岁,女性,大阪府)

第一章 当你感觉自己离成功越来越远

回答：

坦率地说，我觉得没什么问题。你只是以过去的罪恶感为由，阻碍着现在的自己。

坦率地说，也许对方认为向你提供援助是件好事，所以我觉得没什么问题。

从道义上来讲，你说了谎，把对方当作自己生存下去的手段，这是有问题的。但是，事到如今，这也无法挽回了。

我担心的是，你时不时带着罪恶感回忆过去发生的事情，这似乎束缚了你现在的人生，每当你想要开始做点什么新的事情时，它便会成为你的阻碍。

既然你过去经历了无畏的人生，如今理应也能够这样去生活。现在，若是你因当时的事情而怀有罪恶感，那么只要你决心不再把别人当作手段，尽量自力更生就行了。

被拒绝的勇气

阿德勒有一个理论,叫"**外部因果律**",意思是,**将原本不存在因果关系的事情,解释成似乎存在着重大的因果关系。**

你说因为年轻时不劳而获,所以现在工资很低,生活艰难。这种想法是走进了偏执的陷阱。你也不是自作自受,过去的经历与现在工资低、生活艰难之间,不存在任何因果关系。

你也可能是这样想的:由于过去不劳而获,你才轻而易举地得到了金钱。因为曾经的钱来得太容易,所以现在就算有了工作,你也会觉得工资很低,感到不满。如果是这样,那我能理解。那就忘掉过去的生活,今后努力去谨慎朴实地生活就可以了。

自卑的人很难找到爱情。

我觉得,对方或许并不是你所讲的那样,因为他"涉世未深",所以从未对你有过肉体方面的要求。虽然有些人会为了肉体上的欲望而给对方买名牌商品,但是你说的那位男士，或许只是能跟你在一起就感觉很满足了。

不过，我觉得那位男士之所以给你买名牌商品，还给你提供学费和生活费，很可能是出于他的自卑感。也就是说，他认为不这样做就得不到你的欢心。有可能他早就知道你说付不起学费是骗人的。

总之，对方单方面的付出让你产生了巨大的压力，让你与他断绝了联系，"出逃一般地"出国留学了。

我觉得他对你的爱不太自然，他更多的是想得到你的认可。当然，这与对等交易的爱完全不同，并非"我给了你多少，理所当然你也得给我多少"。

从这个意义上来讲，或许可以说他教会了你什么才是真正的爱。

当你的人生,一直遭遇不顺

在我的概念里,没有真正的挫折

我的人生道路从未有过挫折。

若用准确的词语来表述,那就是我从未使用"挫折"一词来回顾自己的人生。

即便发生同样一件事情,结果也是因人而异的,有人把它看作挫折,有人却不认为是挫折。就拿我来说,哪怕遇到不顺利的事情,我也不会把它看作挫折。

但是,过后再仔细思量,按照普遍的认识,我也算是经历过好几次"挫折"了。我想在这里跟大家谈一谈这些"挫折"。

首先谈一下我读研究生时的校园生活。由于走了很多弯路，我完成研究生的博士课程比其他人要晚很多，那时都已经三十一岁了。

这是因为，我之前考研究生的时候经历了一番周折。在进入自己喜欢的"哲学"专业之前，用掉了很多时间。

希腊语成了我的障碍

我从高中起就一直想要学哲学。教我们伦理社会课的老师曾在京都帝国大学进修过哲学，在课堂上给我们讲授很深奥的内容，我因此被哲学深深吸引。进入大学以后，我准备以亚历山大里亚的斐洛这个人物作为研究课题。

被拒绝的勇气

亚历山大里亚的斐洛是公元一世纪左右的一位犹太人思想家,正好与耶稣生活在同一个时代。为何我想要研究斐洛呢?因为我对希腊思想与西方思想的交融很感兴趣。

在斐洛生活的那个年代,犹太人已经不懂希伯来语了。但是,基督教所说的《旧约圣经》(犹太教作为《圣经》)原本是用希伯来语写的。也就是说,犹太人无法用原来的语言来阅读当时的《圣经》。那么,当时他们读什么呢?是由七十位学者将希伯来语《圣经》翻译成希腊语的《七十士译本圣经》。

可是,希伯来语和希腊语是性质完全不同的两种语言,所以在翻译的过程中融入了很多希腊哲学的概念。换言之,就是当时犹太思想与希腊思想交融在了一起。对此,我非常感兴趣,想就此进行研究。虽然是这么想的,但其实这是一种鲁莽的挑战,因为当时我对希腊语和希伯来语都一窍不通。

虽然很想研究，却不知从何入手。正当我在苦思冥想"该如何是好"的时候，与一位老师不期而遇。

与教我"迂回而行"的老师不期而遇

能与这位老师相遇，实在是三生有幸。同时，也开始了我的"迂回"之路。有一天，我正在大学校园的一角看书，看的是日本国内著名大学者田中美知太郎先生所著的《哲学入门》。恰巧有位同一社团的学弟经过，他问我在看什么书，我就把书递了过去。没想到，这位学弟将目光停留在了卷末的解说处对我说，写这解说的森进一（哲学家、小说作家、关西医科大学名誉教授）先生是他父亲所执教的大学的同事，他们是朋友。

如今回想起来，假如当时我只是随便附和一声说"是

被拒绝的勇气

吗"就完事了的话,就没有现在的我了吧。

于是我拜托学弟,请他一定介绍我与那位老师认识。事情进展得很顺利,当天晚上学弟的父亲就给我打来电话说:"既然这样,那我就给你介绍吧。好像他一直在家举办读书会,我想办法联系他一下,让你也参加。"于是,在来电话的一周以后,我就坐在了森进一先生书房的沙发上。

森先生说:"所谓哲学,其语言和概念都来自希腊,所以不从希腊哲学开始学就毫无意义。今后,无论你们学习什么哲学,希腊哲学的基础是必不可少的。"

也就是说,我必须得下决心,认真投入希腊语的学习中去。这时,我已经是大学三年级学生了,从零开始学习希腊语,阿尔法、贝塔、伽马……同时也去参加这样的读书会。很多年里,我每周都会去参加读书会。

当时我跟森先生说自己准备从零开始学习希腊语,他说那样我得推迟一年毕业了。他说,如果不推迟,那么我的希腊语水平就达不到研究生院的要求。我就想扎扎实实地把希腊语学好，即使推迟一年毕业也无所谓，没有一点犹豫。只是从结果上来说，我大学读了五年。或许有人会把这种迂回叫作"挫折"吧。

只在大学里学的算不上哲学

我去森先生家不只是学习希腊语，还学习哲学、学习人生。参加读书会的，不仅有同龄的年轻人，还有年长的，个人的背景也是各色各样，既有像我这样立志于学哲学的人，也有学医学的学生，还有正在行医的医生。做医生的人理应每天都很忙的，可他们在来之前都已经预习好了。而我虽说目标是成为专业研究学者，但完全不能跟他们比，优秀的人真是太多了。我如果不认真做预习笔记来参加，就很难跟上，可是有的医生完全不用看笔记，非常流利地翻译着希腊语，给了我强烈的刺激。

被拒绝的勇气

聚集到这里的人们不但水平很高,还从本质上教会了我什么才是学习。我觉得有很大一个原因就是这个读书会并不是学院派的世界。

我的志愿是做一名哲学研究者,而其他与会者都已经踏上社会,或者已经作为专业人士活跃在各自的领域。这些人认真学习希腊语、学习哲学的态度,给了我很大的震撼。

哲学原本的意思就是"爱智"。哲学绝非仅限于专业人士在大学学习的那些东西,是可以由不同类型的人以各种各样的形式进行学习和实践的。了解了哲学原本的面貌,我之后在学习哲学的方法上确实有了改变。

大学毕业以后我参加了研究生的考试,可第一次考研失败了。

这也算是"挫折"吧。硕士课程的考试很难。还有希腊语考试,其考试内容及知识与英语、德语这样的近代语言的水平相同。拿到写满了希腊语的考卷,必须在

第一章　当你感觉自己离成功越来越远

规定时间内，不借助词典把它翻译出来。我自信自己学习希腊语很努力，短时间内已经达到了一定的水平，可谁知第一次却失败了。

几经波折总算考上了研究生，也没有多大进步。我的老师藤泽令夫先生（哲学家、京都大学名誉教授）在教学上很严格，他的学生几乎没有能读满两年正常的硕士课程就毕业的。读三年甚至四年，也不算稀奇。我就读了三年。

先生并没有直接指导我的硕士论文。可以说你选任何题目都行，反正不管你写什么都不会让你过的。

就这样，虽然作为研究者的初级阶段，进展不尽如人意，但幸运的是我选择了迂回战术，反而找到了通往希腊哲学的捷径。虽然在别人看来，我走的这条路充满了挫折，但我觉得对自己而言，是找到了幸福。

被拒绝的勇气

母亲的病教给我的道理

再补充一点，那个时候我的私人生活也经历了可称之为挫折的考验。我刚考上研究生，母亲就因脑梗死病倒了。我和父亲轮流照顾母亲。父亲白天有工作，除了下午六点到晚上十二点之外，我和父亲每天有十八个小时要轮换着守在母亲病床前。因此，大约有半年时间，我无法去学校上课。

当时，我感到很焦虑。因为自己要一直照顾生病的母亲，而同期入校的同学则正在不断地学习。我只能守在母亲躺着的病床边，拼命看希腊语的教科书。

看护母亲的经历，对我而言也是人生的一大转折点。若是没有这样的经历，我或许就此成了一名哲学研究者吧。

在母亲病床边度过的日子里，我一直在认真思考人生的意义和幸福。当然，这也是柏拉图哲学的课题，我

第一章　当你感觉自己离成功越来越远

也在看书学习。但是，母亲一天天地衰弱，也促使我不得不对人生的意义进行认真的思考。这种思考不是作为一种知识，而是作为我自身的人生观。母亲渐渐地失去了知觉，最后进入了昏睡状态。

目睹母亲的样子，我每天认真思考着，人活着的意义是什么？病成这样依然必须活下去，这样的人究竟是怎样一种存在？

在思考的过程中我领悟到，名誉和野心在人生的最后阶段是没有任何意义的。虽然我处于立志学哲学的阶段，也早就断了赚钱的念头，不过"想要成为研究学者获得成功"的野心还是有的。但是，在母亲身边度过的那些日子里，我开始对此产生怀疑，心想：难道成功就是立志学习哲学的真正意义所在？

前面谈到的参加森先生主办的读书会的经历也反映了这个问题。就像森先生在大学里教书，同时也是小说作家那样，我开始思考，觉得自己的人生不能只有研究工作。

被拒绝的勇气

我意识到自己还是被要成为大学教授的名誉心束缚住了，于是追求更纯粹地学习哲学的意识渐渐占上风。

母亲住院三个月以后还是去世了。当我伴随着母亲的遗体回到家里，感到自己的人生发出了惊天巨响，脱离了追求到目前为止人生目标的轨迹。

当然，我也认为跟着博学的老师和优秀的同学们一起度过的校园生活还是非常有意义的。但是，人生并不是只有大学。我开始想，不能一辈子就做一名研究者。于是，我走出了校门。因为有了这样的伏笔，所以才有了日后与阿德勒心理学的相遇。

因抚养孩子的苦恼而与阿德勒相遇

精神科医生阿尔弗雷德·阿德勒 1870 年出生于奥地利，我与他相遇缘于抚养孩子。还在读研究生博士课程

第一章　当你感觉自己离成功越来越远

的三十岁的我，有了第一个孩子。

当时我妻子也有正式的工作，所以也不用商量，我就担负起了接送孩子去托儿所的任务。我与孩子在一起的时间比较长，于是产生了种种烦恼。而且，无论做什么事情，我都处于不断失败的摸索状态。这时候，有一位朋友建议我说阿德勒心理学或许可以为我提供参考。

经过多方查找，我了解到阿德勒是从学院派的世界脱离出来之后得到了重生。他曾提交了一份足以胜任维也纳大学教授的论文，可是被退了回来。

我觉得似乎在某些地方，我们的经历重叠在了一起。

最引起我共鸣的是，阿德勒的整个职业生涯基本上一直都在从事医生的工作。而且是在付不起医疗费的贫苦大众居住的地方，一心一意地从事着临床医疗。

因此，他所阐述的不仅仅是理论和思想，还具有很强的实践性。并且拥有强大的力量，以至于立刻就可以使人改变人生的道路。

但是，在当时的日本，他并未受到相应的关注，几乎没有人研究他的学术。因此只有我自己来做了，于是我就开始研究起阿德勒的心理学。

不过，我并没有将此与自己之前的研究进行有意识的切断，还是按照哲学的流派来把握阿德勒的学术。因此，对我而言，阿德勒与其说是心理学家，不如说更像一位哲学家。这种认识我到现在也没有改变。在《被讨厌的勇气》一书中，我也是把阿德勒作为"哲学家"介绍给读者的。

阿德勒与弗洛伊德、荣格等近代心理学的先驱不同，他之所以鲜为人知，坦率地说是因为在大学的课程里几乎没有讲过他的理论，也没有介绍过他。就连大学里专攻心理学的学生，很多人也只是听说过阿德勒的名字。

就是在这样的状况下，1989年已经三十三岁的我开始研究起阿德勒来。最初我是一边阅读阿德勒的原著一边照顾孩子的,不久便取得了阿德勒心理学的心理辅导资格。

我平时一边担任大学的外聘讲师,一边从事自己本专业的希腊哲学的研究,同时还研究阿德勒心理学,到了四十岁,总算有了专职工作,是在一家精神科医院做心理咨询顾问。

虽然很迟才找到正式的工作,理应珍惜,但是我在那里工作了三年就辞职了。

辞职,执笔《被讨厌的勇气》

辞职是因为医院的工作非常繁重,我把身体搞垮了。

每天就算工作十二个小时,也还是有工作做不完。但是,我又非常自信,觉得医院很需要自己。

我去大医院接受了精密的检查,结果是原因不明。

可能是过劳与紧张加在一起造成的。身体慢慢地恢复了,我也回到了单位。可就在这当口,我上楼梯一脚踩空,又把脚崴了,不得不病休三周。

当时,我受到了很大的打击,或许也叫挫折吧。

这个打击不是因为生病,也不是因为崴了脚,而是因为我发现,即使我不在,医院也运作如常。本来我很自信,医院没了我肯定不行。毕竟像我这样无论对患者病情还是对医院运营样样精通的人很稀缺,我不在,医院的运转肯定不顺利。

然而,并非如此。

我冷静下来思考一下,这不是理所当然的事情吗?因为那时我把工作看作自己的依归之所,所以觉得有很大的失落感。但也正因为我辞去了这家医院的工作,后来才有了执笔《阿德勒心理学入门》一书的机会。

我是1999年3月辞职的,同年2月,KK最畅销出版社的编辑寺口雅彦找到我说能不能给他们写一本有关

第一章　当你感觉自己离成功越来越远

阿德勒心理学的书。由于在当时的日本，阿德勒心理学还不为人所知，故他力劝我，说一定由他们的出版社来发行这样的入门书。我被他说服了，因为他是一位有先见之明的人。

如果我一直这样在那家医院从事咨询顾问工作的话，估计就完全没有时间执笔了。很幸运，《阿德勒心理学入门》这本书又重新再版，现在依然很畅销，成了长期畅销书。

你看，我的人生并不像通俗意义上的那么顺利，但我无论是生病，还是受伤，又或是辞职，结果都是好的。

而且，作家古贺史健读了《阿德勒心理学入门》以后，又促使我执笔《被讨厌的勇气》。

不过，在这些书出版之前，我还经历了种种事情。以《阿德勒心理学入门》为契机，我不仅从事翻译工作，还一边进行研究和讲课，一边继续着写作工作。

到五十岁时，我因心肌梗死倒下了。

被拒绝的勇气

当时，我满以为心肌梗死是七八十岁的人才会得的病，所以五十岁就得这病，是非常出乎我意料的。不过，母亲因脑梗死而去世的时候是四十九岁，而我和母亲是同一天生日，自己到了母亲未曾经历过的五十岁这个年纪，早早就患上了心肌梗死，不由得担心起来：啊！我是不是和母亲一样，寿命不长呢？

所有人遇到这种情况，大概都会有这样消极的想法吧。以为自己能活得更长久些，这么年纪轻轻就死了的话，该令人多么遗憾。

幸亏我保住了性命。我恳求主治医生，无论我的病有多重，即使是一步也走不到外面去，只要能帮我恢复到可以写书就行。

这场病使我清晰地意识到什么才是最重要的。

因此，我出院以后真的写了很多书。现在依然每年都要写四五本书。已成为畅销书的《被讨厌的勇气》一书的题目，也是在这样的写作过程中形成的。

第一章 当你感觉自己离成功越来越远

挫折的体验是获得幸福的"机遇"

回顾这些,或许很像是命里注定的情节,之所以有今天,是我忠实于自己使命的结果。

向世界广泛介绍阿德勒这位伟大的先驱,是我的使命,这是其他人所做不到的事情,这份自信一直支撑着我。

我在开始研究阿德勒时,并未将"成功"作为目标。我仅仅是认为必须这么做,才一直兢兢业业地进行着研究和写作。很多人都说是我掀起了一股阿德勒热潮,这只不过是从结果来看而已。即便是没有畅销,我依然会一如既往继续着这份特别的工作。

对我来说,所谓成功没有什么意义。成功是很普通的东西,只要愿意,任何人都可以进行仿效。

我的目标不是成功,而是幸福。幸福不是谁都可以仿效的。在很多书的写作过程中,我同时还翻译了柏拉

被拒绝的勇气

图的对话篇，这对我而言是一种幸福，我想，应该不会有什么人羡慕我吧，因为这并不是传统意义上的成功。但于我个人而言，这就足够了。幸福不是普遍意义上的概念，归根到底是很"个人化"的东西，不是其他哪个人的，而是自己独有的。

我给大家分享了一个关于"挫折"的话题，大家是不是觉得我说得含混不清？那是因为我的目的是想谈论其他人无法仿效的幸福。即使把我个人的体验普遍化了，也没有多大意义，而且我未曾以成功为主线来看待自己的人生，所以相对而言，对"挫折"或"失败"之类的概念没有太在意。或许我经历了许多社会上人们一般所认为的挫折，但我觉得这一切都是机遇。

只有一点是可以肯定的，那就是为了幸福，所谓的"挫折"是绝对必需的。人只要活着，就会感到痛苦，也会产生挫折感，这就像鸟儿在天空中飞翔必须有空气阻力一样。

鸟儿在真空中是飞不起来的。正因空气中有阻力，所以鸟儿的翅膀才有可能抓住气流，鸟儿才能飞向天空。

如此想来，或许任何挫折都可以成为获得幸福的机遇。

第二章

除了自己,没有任何人能决定你的价值

生命是每个人自己的课题。如果随波逐流，依靠别人去做决定，那么无论长多少岁也不能算得上成熟。

成熟是指：自己的课题自己做决定，自己的人生自己负责，自己的选择自己接受。

自己的价值，也要由自己来诠释。哪怕被指责、被否定、被世俗的规则抛弃。

今后的人生如何度过？——致少年的你

我想起了自己读高中时所经历的事情，作为一名毕业生，我想跟大家谈一谈人长大究竟是怎么一回事。

我第一次感觉自己已经长大成人，是在高中二年级。起因是在伦理课上，我觉得老师把我看作一个平等的人。在这之前的一年，有一次我正在走廊上走着，那位老师从对面走了过来。那年我才十六岁，老师已经年过七旬。

与老师擦肩而过的时候，大家都会点头打招呼吧。当时我也很自然地低了一下头，而老师明显停下了脚步，对我深深鞠了一躬。这给我留下了极为深刻的印象，我

被拒绝的勇气

一直在想,他是什么专业的老师呢?一年以后才知道,这位老师是教伦理社会的。

老师在上课时,并没有因为我们还是高中生而降低深度。教科书上印有用粗体字标示的关键词。老师尽可能地用英语、德语、法语、拉丁语和希腊语,将这些词整齐地写在黑板上。教科书中有一句话叫作"我是阿尔法,我是欧米伽"。看到这些,我瞬间皱起了眉头,心想这是什么意思啊?

于是,这位姓蒲池的老师说:"没关系。我会给你们解释清楚的。"然后发给我们两张复印材料。其中一张纸上复印的是古希腊语,"阿尔法""欧米伽"是希腊语拉丁字母的读音。还给我们发了拉丁字母一览表,并给我们讲解怎么发音。还有一张是《新约圣经·约翰福音》中的一个章节,是用希腊语写的。照着这两张纸,我们不仅学会了怎么发音,还了解到了有关希腊语的初步解释。

第二章　除了自己，没有任何人能决定你的价值

这就是我最初接触古希腊语时的体验。如今回想起来，从那时我就已经与哲学结下了不解之缘。不久我便开始学习哲学。

虽然那时我觉得自己还是个孩子，但当我意识到这位老师将我当作一个平等的人来对待时，我便开始萌发出这样一个想法：从现在开始，我可以把自己看作成人了吧。

可是社会并不把高中生看作成人，说都"还只是高中生呢"。从某种意义上来讲，这都是社会上的诡辩。因为要升学，所以为了考试而花费时间和能量当然也很重要。不过现在回想起来，除此之外，我还想在高中学习与考试无关的、更重要的东西，所以我学习很努力。

自己的课题，要自己负责

年岁的增长，并不能代表内心的成熟，不是说一岁岁增加就成了大人了。要想成为大人有三个条件。

成为大人的第一个条件，就是你能够对非得自己决定不可的事情做决定。

我家住得离校区很远，也很偏僻。上小学时，以我们小孩子的脚力要走三十分钟。因为住得远，所以放学回到家后，直到第二天上学，我都不会再迈出家门，每天如此。

有一天，小学同学打电话来，邀请我出去玩。我觉

第二章 除了自己，没有任何人能决定你的价值

得这件事情我不能擅自决定，就问母亲："现在我可以去朋友家玩吗？"

母亲回答说："这种事情你自己决定就行啦。"

我很吃惊，心想原来这种事情是可以自己决定的。当时我意识到，自己的事情得自己决定，而我却要求母亲来做判断。我开始明白，要成为大人，必须自己决定自己的事情。

我经常使用"课题"一词来对该由自己决定的事情进行诠释。倘若要对"课题"这个概念下个定义，那就是当我们考虑某件事情的最终结局将落在谁的头上，或者说，谁必须担负起某件事情的最终责任的时候，就知道这件事情究竟是谁的课题了。

举一个最简单的例子。学习或不学习，究竟是谁的课题呢？很多人误以为学习是父母的课题。这样的父母若是看到孩子在玩耍，就会说："给我好好学习！"按理说，说这种话是不应该的，也是不能说的。因为学不

学习是孩子的课题,不是父母的课题。

大多数父母都会习惯性地去干预孩子的课题,以至于我不得不进行如下说明:

人际关系中的纷争,都是因为你入侵他人的领域,或者是自己的领域被他人入侵而引起的。不妨设想一下,如果你不怎么想学习,却突然被别人教训说"要好好学习",你会有什么感觉?我想你一定会产生排斥心理。这是因为,这种事情别人不说你也明白,你也知道不学习是不行的,可就是不喜欢别人来告诉你。如果老师成天督促你,你反而会产生逆反心理。

因此,我想告诉各位父亲或母亲,不要对孩子说"给我好好学习"。学不学习是孩子的课题,而你们有自己的课题。

我的儿子现年三十岁。初中时他上的是一所公立学校,准备考某所高中。要想从初中考入那所学校非常难,

第二章 除了自己，没有任何人能决定你的价值

结果他还是考上了这所必须初中和高中连读的全寄宿制学校。

我并没有干涉他，去不去上这所学校是孩子的课题，我不能为他做决定。因此，我选择了尊重孩子的意愿。

儿子认真地翻阅着学校宿舍的介绍，突然对我说："我不打算去这所学校了。"

那所学校并不是轻而易举就能够考上的，于是我问他为什么不想去了，原来是因为那份宿舍介绍里印有一张夜晚生活的时间表，上面写了"强制自习"几个字。他说："自习怎么能强制呢？自习本该是自觉做的事情，却规定强制实行，我可不想去那种学校。"于是，他就很干脆地放弃了入学资格。

当然，这并不是个偶然事件，因为在这件事情之前以及之后，他的自主性都是很强的。他能准确地判断哪些事情该由他自己负责，我从来没有对他说过"给我好好学习"之类的话，也没有督促过他，我真的感到满心轻松。

被拒绝的勇气

站在孩子的角度来看问题，从某种意义上来说，或许有人督促他好好学习会更轻松些。也许很多人都认为，完全没有外部力量的推动，一切都靠自觉，是件很难的事情。但是，意识到自己的课题只有自己才能解答，这是成为大人的必要条件。

曾经有母校的毕业生到我这里来咨询。突然给我发来一封邮件，说自己是很多年前洛南高中的毕业生，想与我这个学长见个面。我读了邮件以后心想，虽然我平时很忙，很少有时间与某个人私下见面，但因为是校友，见见也无妨。

他4月刚进某家公司工作，可5月就辞职了，从东京回到了京都，然后就找到了我。

我记得我当时问过他为什么辞职，而在问之前，他先做了自我介绍。

一般来说，别人要求你做自我介绍时，你会怎么说呢？我以为他会介绍自己对什么感兴趣，最近在读什么

第二章 除了自己，没有任何人能决定你的价值

书，喜欢什么样的音乐，等等。不承想，他忽然间正襟危坐，就像朗读履历表一样一条条给我叙述自己的经历，这令我十分诧异。

他为什么 5 月就辞职了呢？很可能是进那家公司并非他个人意愿，他糊里糊涂就进去了。他成绩很好，幸运地进入了洛南高中，在高中成绩也很优异，随后考上了京都大学。之后他也不清楚自己到底想做什么，便在学长的推荐下进了那家公司。

在 4 月进入那家公司之前，一切都很顺利，但进去以后发生了两件事情，令他萌生了离职的念头。

其一是突然被分配到了营业部门，上司吩咐他去找客户签合同。我想，那位上司实际上也没有期待他能够拿到合同。吩咐他去执行，也可能是公司的常规做法，让新人吃点苦，经历一些困难，对他们来说是很重要的锻炼。

在这之前，他一直是个精英，结果却拿不到合同。

被拒绝的勇气

对他来说这是人生中遇到的第一次挫折。这样的经历，大多数人在进入大学之前应该也有过很多次了，可他此前一直比旁人优秀，所以他因为这个小小的失败，受到了很大刺激。

其二是他看到上司和学长的工作状况，觉得似乎一点也不如曾经想象的好，感到他们一点也不幸福，所以就辞职了。

为什么他觉得他们不幸福呢？我们得好好地思考一下。这件事还关系到后面的话题，你们就暂时先存放在头脑的一角吧。

发生了这两件事情后，他 5 月初就早早辞了职，回到了京都。之后，他找到了其他工作，开始了自己选择的人生道路。

如果本该是自己的课题，结果却随波逐流，依靠别人去做决定，那么无论长多少岁也不能说心智成熟了。心智成熟的第一个条件就是，自己的课题自己做决定。

培养自我价值感：我决定我的价值

成为大人的第二个条件是能够自己决定自己的价值。

阿德勒说过，"人只有在感觉自己有价值的时候，才可能获得勇气"。从这句话中我们可以知道，很多人认为自己没有价值。很多人对自己持否定态度，觉得自己并不是什么了不起的人，微不足道。前来找我咨询的人几乎都这样认为。

如果你觉得自己有价值，就会爱自己。自信满满的人，也会更爱自己。

然而，在做心理辅导的过程中我问咨询者："你觉

被拒绝的勇气

得自己有价值吗？""你爱自己吗？"几乎所有的人都回答说，如果一定要回答的话，那就是不喜欢自己，甚至有人还说最讨厌的就是自己。当别人问"是否爱自己"的时候，能够举起双手大声说"非常爱"的，也只有精力充沛的大阪大妈们。除此之外，能够毫不犹豫地说"爱自己"的人真的是少之又少。

为什么必须认为自己是有价值的呢？因为就算你讨厌这样的自己，也不可能像买电脑和手机等用具那样，重新买一个自己。无论你有什么样的缺点，也不可能与自己断绝关系。不可能重新买一个"我"，来置换现在的你。

自我价值感低的人、自卑的人，是得不到幸福的。幸福的必要条件，是认可自己，爱自己。

其原因容我后述。

第二章 除了自己，没有任何人能决定你的价值

要有直面结果的勇气

阿德勒说："人只有在感觉自己有价值的时候，才可能获得勇气。"那么，是一种什么样的勇气呢？

这里所说的"勇气"有两层意思。

其一，是直面课题的勇气。如果你是学生，那么你目前的课题就是学习。必须要有面对学习这个课题的勇气。那么，为什么面对学习需要有勇气呢？

若是有人考试总能取得好成绩，能轻而易举地进入自己理想的大学，这样的人大概目前不会有什么烦恼。相反，有的人对于结果会产生恐惧和不安。我想，在学生时期或许很多人都没有听过父母的鼓励。有少数的父母可能会这么对孩子说："你这孩子真的很聪明，如果能认真学习，就一定能取得好成绩。" 如果你是有自信的人，听了父母的鼓励自然会更加勤奋地学习；倘若你认为自己即使是努力了也是徒劳，那么这种鼓励也毫无

被拒绝的勇气

用处。

为什么这么说呢？因为你觉得，与其面对"努力了也没有取得好成绩"这个现实，还不如一直活在"如果我认真学习了，肯定就能取得好成绩"的幻想中，因为后者会让你更轻松，让你将自己的失败合理化。尽管父母和周围的人鼓励你，给你足够的认可，告诉你你是个聪明的孩子，但你还是不行动，因为你没有直面自己课题的勇气。

也就是说，你害怕体验到现实。但现实就是现实，不管你考试成绩有多差，也只有自己认识到自己的不足，下次考试努力争取好成绩。

认清自己的现实状况，要有从自己目前所处的现实出发的勇气。

无论做什么事情都不容易。人生的道路上，不只是考试，还有更大的困难在等着你。自己的课题也不是轻易就能够达到的。即便如此，当你通过努力最终完成的时候，就能获得成功的喜悦。因此，希望大家无论如何都要具有直面自己课题的勇气，敢于自信的勇气。

所有的烦恼都来自人际关系

其二，是要有进入人际关系的勇气。

为什么说走进人际关系需要勇气呢？因为在与人接触的过程中，一定会产生摩擦。在座的各位，一定有人人缘特别好，有很多朋友吧。但是，在与朋友的相处中，并非一直都会顺顺利利，我们周围的人也并非全部都是善者。有时候，有人会说一些很难听的话；你也可能会被人嫌弃，或遭人背叛，或被人憎恨，这些都是不可避免的。即使遇见自己喜欢的人，因为自卑，你也不敢向对方开口告白。

我上学的时候读的是男校，所以就算有了喜欢的人

被拒绝的勇气

也不可能在校园里碰面。比如,你在班上有自己喜欢的人,向对方告白后,若是对方说也很喜欢你,那事情就很简单了,没有比这更开心的事情了。但是,女孩子有时候说话是很刻薄的,她们会说"我从来都没有把你当男生看待",或者说,"从普通朋友开始吧"。这些都属于比较委婉的拒绝。有的人就会想,与其被对方拒绝,还不如一直憋在心里不向她告白。人有这样的想法不足为奇。

如此这般,人际关系是很麻烦的。阿德勒说:"所有烦恼都来自人际关系。"他甚至断言,除了人际关系的烦恼就没有其他烦恼了。虽然很多人不同意这种说法,但仔细想想,我觉得他说得没错。就拿我自己来说,我的烦恼可以说除了人际关系之外就没有别的了。比如很多年轻人,害怕人际关系,产生社交障碍,担心在跟人打交道的过程中受伤,就干脆不去上学了。既然人际关系这么麻烦,那最简单的办法就是不与任何人来往。

第二章 除了自己，没有任何人能决定你的价值

但我们换个角度来考虑，活着的喜悦和幸福，只有在与人交往的过程中才能够获得。各位同学，你们最近有没有感到活着真好呢？我想，不久的将来大家会结婚。与对方经过了很长一段时间的交往，你可能会自然而然考虑结婚的各种事宜。那么，为什么要结婚呢，就这样一直交往下去也不错啊？那正是因为你确信与这个人在一起会幸福。如果你心存疑虑，觉得与这个人结了婚也不会幸福，那肯定不会这么义无反顾地走向婚姻。即便是在数年以后，你才明白当时决定结婚是个错误，至少在当时，你应该是认为在与对方的相处中，是能够得到幸福的。

为了能够感受人生的喜悦，就必须进入人际关系之中。虽然在与人交往的过程中，会遇到很多烦恼，但为了得到幸福，我们必须有进入人际关系的勇气。如果你认为自己没有什么了不起，是一个微不足道的人，可能就会丧失这种勇气。我想说的是，现实情况恰恰相反，

被拒绝的勇气

正是因为你逃避人际关系，回避与人接触，才逐渐丢掉了自我价值感。

大多数陷入自卑的年轻人都会有这样一个不合理的信念："我自己都不喜欢自己，别人有什么理由会喜欢我呢？"因为钻了这样的牛角尖，所以即使遇上了喜欢的人，也不愿去表白。对于这样的人，必须想办法找到自我价值感。

要想获得进入人际关系的勇气，进而拥有直面自身课题的勇气，就必须认识到自己是有价值的。而自我价值感的核心在于，只有自己才能找到自身的价值。我们不需要由他人来确定我们的价值。不管他人是怎么看待你的、评价你的，你都能够认识到自己是有价值的。

别人的评价≠你的自身价值

然而，几乎所有人都是从小在表扬声中成长起来的。同学们一直以来也都是如此，取得了好成绩就会受到表扬。或许，真正的"坏孩子"并不多。

但从小一直在"了不起啊，真厉害"的表扬声中长大的人，无论做什么事情，得不到别人的认可就会感到内心不安，总是希望有谁对自己做出正面的评价，以赞美的形式表示认可。如果不这样，好像就看不到自身的价值了，所以很多人依赖于他人的评价而活着。但是，来自他人的评价与自我评价、自身价值本质上是不同的。

被拒绝的勇气

　　比如说，在日常生活中，你有没有被别人说过"你这人真讨厌"？被别人说"真讨厌"，你就会情绪低落，但并不是因为他这样说了，你的自身价值就因此而降低了。反过来，如果有人说"你这人真好"，你就轻飘起来。若是你喜欢的人这样说，那你就会飘到天上去了吧。然而，那只不过是对方对你的评价而已，你必须明白，你的价值并不会因为那句话就提高。

　　了解评价与价值是完全不同的，这很有必要。

　　成功考入大学，毕业之后也找到了自己想要的工作，一路上都顺风顺水，若是一直能够如此顺利也挺好，可惜这样的人少之又少。我的朋友中，有人就业考试考了二十多家甚至三十多家公司，一直被拒之门外。但是我清晰地告诉他，这只是某家公司对他的评价而已，与他本人的价值完全没有关系。我就是这么认为的。

　　要把评价与价值区分对待，自己的价值由自己决定，这在人的成长过程中，是非常重要的一个标志。

丢弃以自我为中心的思维模式

成为大人的第三个条件,就是丢弃以自我为中心的思维方式。前面我们是从人际关系谈起的,我们绝对不是一个人活着,光凭一个人也无法得到幸福。因为人具有社会属性,我们每个人都是在与他人的联系中活下来的。与人断绝了关系,就无法生存。现在你们可能都不记得了,你们在出生之后的很长一段时间里,如果没有父母的保护,是片刻都无法生存的。

孩子一出生,就必须得到父母的照顾。小时候,我们普遍会认为应该没有什么太多的事情需要自己处理,

被拒绝的勇气

只有依赖父母才可生存。这与我前面提到的"自己决定课题"这个话题有关,父母总是觉得孩子无法独立处理一些事情,总是像小时候那样看待孩子。这样抚养起来的孩子,即便将来长大成人,也会理所当然地认为别人会为自己的事情负责,完全没有想过自己应该为他人做些什么。碰到自己喜欢的人,只在意对方能为自己付出什么,若是对方的付出没有达到他的要求,就会感到很失望。

因为从小受到父母的宠爱,很多人觉得,别人的付出都是理所当然的。我很想对这样的人说,你不能永远只想着从别人那里得到爱。衷心希望你能成为一个敢于为他人付出,而不是只会索取的人。

在演讲时我经常这样想,刚开始站到这里,没有一个人是我认识的。暂时聚集起来的共同体或许不会持续很长时间,演讲会一结束,大家几乎一辈子都不会再相见了。当我被允许站在这里,哪怕是瞬间的共同体,也能够感受到自己就是其中的一员，这是很重要的。但这并不是因为我处在这个共同体的中心位置。

有一种说法叫作"其中之一（one of them）"，我们都只是很多人当中的一个。而所谓的"不成熟"，就是指你把别人的给予看作理所当然。这样的人，必须不断地把自己置于受人瞩目的中心，在家里也是这样。而无论进入什么样的共同体，他都认为自己必须处于中心位置，这样的人比比皆是。我们必须丢弃这种不成熟的思维方式。

我可能说得比较严厉，这种人很多时候是无法找到自我价值的。那么，怎样才能找到自我价值呢？首先，要理解我们不是为了别人而活着，我们也并非处于共同体的中心。其次，虽然我们在人际关系中获得了别人的帮助，但同时也要想想自己是否能够为他人做些什么。当你身体力行，能为他人做些什么的时候，才会产生贡献感和成就感，才会第一次感到自己是有价值的，才会

被拒绝的勇气

摆脱自卑。最终，也将会得到他人的好评。

阿德勒说过，"人只有在感觉自己有价值的时候，才可能获得勇气"。那么在什么情况下才会认为自己有价值呢？

他接着又说，那就是当感觉到自己对他人有用的时候。当你觉得自己对某人是有用的，是做出了贡献的，你就能拥有价值感。也就是说，要想感受到自己的价值，首先必须为他人去做自己力所能及的事情。

如果能够为他人做出贡献，即使得不到对方的认可，应该也能够确切地感受到自己是有价值的。比如，如果你学习很好，就必须运用这种才能为他人做贡献。听说学习好的孩子们经常会遇到这样的事情，当他们在考虑读大学的时候，都会讨论是去上东京大学还是京都大学，或者是读医学院。努力学习考上大学，成为医生，确实是件很重要的事情。但是，不能仅仅是为了自己才去这么做。若是你具有这样的才能，希望你能够为他人去发挥这种才能。我想,一个天赋异禀的人,也只能在为他人付出的过程中,才能拥有足够的成就感。即使觉得学习很辛苦而想要退缩,也一定有勇气克服困难。

能思考自己可以为他人做些什么,这就是成为大人的第三个条件。也就是说,不可陷入以自我为中心的思维方式之中。

只要存在，就有价值

说到为他人做贡献，是否一定要做到些什么？是否我给大家留下了一定要以行为来衡量的这样一种印象呢？我怎么做才能告诉大家，尤其是告诉年轻读者其实并非如此呢？

直到现在，这个问题依然困扰着我。

到目前为止，我首先谈了每个人都是有价值的，又讲到要想拥有自我价值感，就必须为他人做出贡献。还列举了这样的例子来进行说明，指出若是你学习好有才能，就要为他人去发挥这种才能。

第二章　除了自己，没有任何人能决定你的价值

不过，希望大家一定要牢记，所谓人的价值，所谓做贡献，绝不是仅凭才能和能力就可以衡量的。在座的各位同学，或许都可以在各自不同的环境中有所作为，为社会做出贡献。不过，也希望你们了解到，我们这个社会存在着各式各样的人，不是只要自己好、自己有所得就行。虽然你能够发挥自己所具有的才能，但是也希望你们知道，在这个社会，有的人无法通过为他人付出，来展示自己的价值。

我曾经在某家精神科诊所工作过，一年当中每周只工作一天。诊所里每天都会来六十多个患者，我去上班的那天，大家都会一起买菜做饭。早上，来到诊所，工作人员都会告诉患者们要做什么。比如说，今天我们要做咖喱饭，然后征集一起去买菜的人。于是，就有五个人一起去，五个人要买六十多个人的食材，大家分工去购买。

回到诊所，工作人员说现在开始做菜了，请大家帮

被拒绝的勇气

帮忙,于是又有十五六个人过来帮忙,午饭前要做好六十多份咖喱饭。午饭时咖喱饭做好了,工作人员就向大家宣布说咖喱饭做好了,大家一起吃饭吧。于是,患者们从诊所的各个角落走了出来,大家一起吃饭。而一起用餐的人们,大多数都并没有参与到做饭的过程中来。

听了我说的这个故事,大家是怎么想的呢?在那家诊所里,绝对不提什么"不劳者不食"。现在社会上却是这样的,父母也一样,总是对着还在读书的孩子说:"你干啥都行,可就是要等你自己以后赚钱了哦。"明明孩子现在还在读书没法工作,却被那样说,真是不讲道理。做父母的也是,明明知道孩子无法工作,却揭人之短。

现在的社会就是这样,都是以生产力来判断人的价值,我们生活在一个根据"能做什么"和"不能做什么"来衡量个人价值的社会。我工作过的诊所也可以说是健全社会的一个缩影。那么,为何没有人责怪当天不来做帮手的人呢?因为大家相互都有一种默契,那就是今天身体不错,所以来帮帮手,假如明天身体不好了,做不了帮手,那就请体谅一下。

对学生来说,学习就是工作,能学习的时候专心致志学习就行。将来,父母以及我们自己一岁岁增长,身体行动会慢慢变得不自由。即使是年轻人,也会有人因为生病而动弹不得。

就算有的人有身体障碍,天生不能自由行动,不能为他人做贡献,那么这些人就没有价值了吗?当然不是。

立志成为医生、护士或医疗工作者的人当中,有很多人从小就有病。我现在六十一岁,在十一年前因心肌梗死病倒了,躺在医院的病床上完全动弹不得。我的身子一旦向一侧睡着,两个小时就会一直朝着那一个方向。即使想翻下身,转到另一侧,也没办法按照自己的意愿进行调整。一整天都是这种状态,绝对安静。

既不允许我听音乐,也不允许我看书。我想如果你处于这种状态,肯定也没办法接受。若是不准我看书,

被拒绝的勇气

我就会像活不下去了那样感到绝望。我这样的人，就是坐在电车上，如果不看书也会去搜寻悬挂着的广告之类的印刷品，对我而言，无法阅读的日子是极其痛苦的。

毫无办法，这样的状态持续了多日之后，我突然想到，如果我知道自己的好朋友或者家人因病住院，就一定会火速前往医院探望的。这时，无论朋友或家人的病情有多重，我也会觉得能活着就好。而我目前的状况，也让我有了这样的想法——只要能活过来就是万幸了。一定有人会因此而为我感到高兴的吧。或者说，自从我意识到自己能活过来就是对他人的贡献以后，精神上也安定了下来。

在这之前我感到很绝望，心想自己动弹不得，不能对他人有所贡献，是不是就没有活下去的价值了？现在我则觉得，自己只要能活下去，就一定有价值。

很多父母都会为孩子的事情而烦恼。比如，早上九点看到孩子漫不经心地起床，感到很生气，就想对他说：

第二章 除了自己，没有任何人能决定你的价值

你知道现在几点了吗？就是现在马上去学校，不是也来不及了吗？不过你可别那样说，尝试一下这么说："能看到你，真好啊！"当你真的这样想时，你与孩子的相处方式就马上会发生改变。或许你一下子说不出口，但是我觉得，如果哪一天你能这么想就已经足够了。

再回到刚才我的故事里。由于我在精神上安定下来了，虽然还得住院，但身体却慢慢好起来了，甚至能够考虑自己是否可以为他人做点什么了，便开始与病房的护士和主治医生进行交谈。于是乎，有人觉得我讲的事情很有意思，有人在给我做护理的间隙跟我聊天，还有人在上班时间结束以后来我的病房跟我交谈，甚至有人在不上班的日子穿着便服到我的病房里来。

主治医生尽管工作繁忙，但复诊到我这里，就会一屁股坐下跟我聊起来。我感觉自己这个患者倒是在给人做心理辅导了。这么一想，就更觉得自己也在为他人付出啊。

被拒绝的勇气

有一天，医生看到我在病床上校对书稿，就对我说："请你写书吧，因为书能留下来。"一般来说，医生看到因心脏病倒下的患者，就会阻止他做这些事情。一开始，他连书都不让我看呢，更何况校对书稿精神会高度紧张。可这位主治医生看到我对着稿件字斟句酌的时候，不但不阻止，反而鼓励我写书。

这句话给我带来了希望。为什么这么说呢？我想生过病的人都懂，如果医生对你说这病"很快就会好的"，反而会有抵触。因为即使医生说马上就会好起来的，你也知道自己好不了。当医生对你说"马上就可以康复"，你就会反驳说你什么都不知道啊。这位医生说"因为书能留下来"，一方面是承认我的病情不可预测，同时又说"请写书吧"，这是给了我一个承诺，保证能让我恢复到可以写书的状态。因此，我决定出院以后就写书，到现在已经有十一个年头了，按照医生所说，我每年都要写好几本书呢。

第二章　除了自己，没有任何人能决定你的价值

住院的时候，我的身体状况不太好，所以做梦也没有想到能恢复得像现在这么好。你们瞧，我现在可以这样在大家面前讲话，可以写书了。幸运的是，我的书还被世界各国翻译过去，出版超过了四百万册。这真是出乎我意料。

我完全没有因为书畅销了可以赚到很多钱而感到喜悦。我曾收到过一封读者的来信，说每一册书都真正到了最有需要的读者手中，他读了我的书以后人生发生了变化。

我希望大家能认识到，哪怕你为他人做出一点贡献，有一点献身精神，而不只是为了自己，也能让你感受到活着的喜悦。

明天不能被设计,先关注脚下,才能看到远方

今后的人生该如何度过呢?

当我们在思考今后的人生该怎么度过的时候,请把已经过去了的事情暂且放在一边。虽然到现在为止大家都有过种种经历,但是目前不要再为过去的事情而耿耿于怀了。

我要是在韩国说这番话,恐怕就会被起哄,引起不满了。他们会说不能忘记日韩关系中的历史。我并不是说过去的事情就不存在了,不过,在这里我们暂且不谈历史,我们只说个人。就个人而言,纠缠于过去是毫无

第二章 除了自己，没有任何人能决定你的价值

益处的。人生很长，人们有时确实会心存各种遗憾，比如觉得以前学习要是更努力些就好了。但是，既然现在已经回不到过去了，就没有必要再把过去的事情作为问题了。

另外，未来还没有到来，那么为将来的事情担忧也是没有意义的。我们有时候一想到明天的事情，心情就会低落。为什么不等明天来了再考虑呢？

人如果可以做到今天就只为今天而活，那就幸福了。但是，人往往一想到过去就会后悔，一想到未来就会不安。我认为，两头都不必理会，这对于我们今后的人生道路是很重要的。这种想法有时候也会遭到反对。如果说我们真的去做这项实践会发生什么事情呢？那就是不能去设计人生的道路了。

很多年轻人认为人生道路是可以设计的。有一次我和一位中学生谈话。令我吃惊的是，他满腔热忱地谈论着自己今后的人生道路该怎么走，他为他的人生做好了

被拒绝的勇气

详尽的计划。可能是他学习成绩不错吧,所读学校是初中高中连读的,所以升学没有问题。他说准备考东京大学,将来做国家公务员。我问他毕业以后打算做什么,他回答说打算结婚,二十五岁就结婚。不知道他说这些话的根据是什么。就说现在吧,二十五岁结婚是很难的。但他却很天真地说准备毕业后就结婚,还说生一个孩子太可怜了,打算生两个。他还准备三十岁时建造自己的房子。诸如此类的人生设计,让我感觉很难理解。

人生不会如你所愿。这话对年轻人说或许不合适,但人生道路绝非如你想象。我们必须在现实中思考如何生存。

我觉得认为人生道路可以设计的人,存在一个很大的误区。比如我在演讲的时候,有时会给我打聚光灯。于是晃得我的眼睛甚至连坐在最前排的听众的脸也看不清。在这样的状态下做演讲,我心里就会变得非常不安。因为我完全不清楚听众对我所讲的内容作何反应。

第二章　除了自己，没有任何人能决定你的价值

人生亦如此。大家想象一下，你目前就是在强烈的聚光灯的照耀下。于是，你既看不到过去，也看不到未来，只勉强可以看到脚底下。如果你活着只为做今天能做的事情，不去管明天将会怎样，等你有所察觉的时候，就会发现自己已经不知不觉地活了很长时间了，这就是人生。

前面提到的那位中学生为什么认为自己的人生是可以设计的呢？那是因为暗淡模糊的光线照在了他现在的人生，他就总觉得自己能看到人生的前景。

我们只能珍惜当下这一天。对于很多来做心理辅导的人，我也只能这么说。很多家长是因为孩子不愿上学而来找我咨询。是不是这孩子不上学，家长就不幸福了呢？并非如此。我总是对他们说，孩子去不去学校是孩子自己的事情，父母的幸福感不应该因此而降低。人的幸福，并不能由某件事情发生与否来决定。我觉得我们必须认识到，幸福是当下的感觉，是瞬间的感觉。

被拒绝的勇气

因此，我特别想对年轻人说，现在不是今后人生的准备期，现在并不是彩排，现在就是你的真实人生。就像大家一路走来会经历大大小小的考试，如果每一天你都把该做的事情做了，等到了考试的那一天，即便你不知道自己是否能顺利通过，但只要你为了今天这一天尽自己的努力去做了，我想很多事情自然而然会发生变化。我们不要因回忆过去而后悔，也不要因考虑将来而担忧。顺其自然、日子一天天过下去就行。

话虽如此，但最后我还要告诉大家，走路只看脚下是会摔跤的。当然，不看脚下肯定也不行，据说希腊有一位名叫泰勒斯的哲学家走路老是看着天上，结果掉到沟里去了。因此，看着脚底下走路很可靠，但也必须看看远方。

要说远方看不见，确实也看不见。我们可以把远方比作北极星。如果有人问我，下雨天看不见星星,怎么办？我可回答不上来，但是北极星永远在同一个地方闪烁着光芒,不管你是否能看到它,它都在那里。

希望大家不是只看脚下,就像观察北极星那样,也经常看一下理想。这就是前面所说的,为他人付出自己的价值。切切实实地把今天能做的事情做好,我想大家能这样度过自己的人生就很好。

当别人总是否定你、指责你

咨询：

兼职单位的前辈对我的指导近似于欺负，难以理解。

◇ ◇ ◇

我在做兼职，比我早半年进去做兼职的前辈经常用刻薄的语言斥责我。

我才做一个月，打算向她请教一下经验，然后记在本子上，边看笔记边做，结果她说："你也不想想这会给人添麻烦！""我忙着呢！"

第二章 除了自己,没有任何人能决定你的价值

那位前辈的本职工作是色彩治疗,看到她通过博客给别人讲解如何与人接触,我感到很愕然。她在博客里说什么笑容很重要啦,请别人在精神崩溃之前到她那里去做心理咨询啦,等等。

她在网络上那样温和而耐心地开解别人,对我却不断做一些近乎欺负人的行为,实在令人很难理解。我有时甚至想过以子之矛攻子之盾去反驳她。

请告诉我,我该怎么做才能处理好自己的情绪以及与那个前辈的关系呢?

(书店兼职,40岁,女性,宫城县)

被拒绝的勇气

---回答：---

越是自卑的人越会毫无道理地斥责别人。应对这种人的办法是……

如果她真是个有能力会做事的前辈，应该不会斥责你的。

作为前辈，一项必须的工作就是指导后辈，也就是耐心细致地教导后辈。可那位前辈却说什么"添麻烦啦，很忙啦"，讲一些莫名其妙的话，那一定不是因为怕麻烦，或许是因为自己教不了。

自己能做，与教别人怎么做，完全是两回事。当然，她既不想承认自己教不了，又不想让你这位后辈质疑她，觉得她没能力，所以就极尽刻薄地对待你。

我估计那位前辈对工作有着很强的自卑感。弥补这种自卑感的方法之一，就是斥责你。她还有一个方法，就是把在实际工作中自己做不到的事情，写到博客上去，这是一种情绪转嫁。

抗衡这样的人没有意义。因为若是你受到斥责而情绪低落了,她就会有优越感;你要是反抗,那么她就会变本加厉地来攻击你;若是你屈服了,那她优越感一定就会更强。

你能做的就是认真工作,避免她再来指责你,虽然这么做很窝心。

如果你实在受不了前辈这种强权骚扰的做法,那么请在自己精神崩溃之前就辞职逃离吧。

被拒绝的勇气

> **咨询：**
>
> 现年三十九岁，择偶中，但对所有男士都感到心灰意冷。

◇ ◇ ◇

我今年三十九岁，三十五岁的时候开始打算结婚，通过相亲或朋友介绍接触过十个以上的男士。有外地的，有比我年龄大的，但我对哪位都不感兴趣。他们都似乎想跟我交往，但嘴上又不说，因此我也不太清楚他们的真实想法。其中还有人不知道应该主动去约女士。

在这样的重复之中，我开始对男士感到厌倦了。最近，一看到个头儿大、很累赘、穿着短裤、不修边幅、满脸粉刺的人我就会变得心烦意乱。参加择偶活动后，我开始对男士厌恶起来了，可以说完全心灰意冷了。可我想结婚，该怎么好呢？我不想断了结婚的念头，我很清楚一个人生活下去很艰难。

第二章 除了自己，没有任何人能决定你的价值

曾有人给我建议，说如果想把婚姻维持下去，至少一开始对对方要有好感，不然就很难维持，我也是这么想的。我觉得身边没有人可以解决我这个烦恼，我怕他们说我太任性、太理想化了等，所以请您多多指教。

（39岁，女性）

回答：

这么说可能你会感到吃惊，但从相遇到结婚主要是看你自己是否有决心。

有道是，人与人相遇只能说是缘分。无论什么样的相遇，一开始都是偶然，有可能让你认为这次相遇是命里注定，便下决心结婚了，也有可能见一次便没了印象，也不会再次相见。

你有没有想过，两者的区别究竟在哪里呢？当你与

被拒绝的勇气

某人接触，关系好的时候，你觉得他哪儿都好。但是，由于某件事情，使得你对他的看法变了，于是之前认为的长处，现在却变成了缺点。原来觉得那人很温柔，现在却成了优柔寡断；原来觉得那人很可靠，现在却认为他控制欲太强。尽管对方并没有任何变化，可你对他的看法却发生了改变。

当你以结婚为目的而与之交往时，不仅会考虑对方的性格，还会衡量他的收入和社会地位、外貌和穿着，等等。这些都将作为结婚的条件，放到你心里的天平上去衡量。

但是，究竟满足了什么样的条件你才会考虑结婚呢？你自己也不清楚。比如，有的人并不以收入为结婚条件，还有的人完全不考虑外表。

从相遇到结婚主要是看你自己是否有决心。这么说你可能会感到吃惊，但正因为你下决心了，所以才会努力地去培养双方的关系。你最初可能对那人并没有什么印象，而现在关系发生了变化，他看上去也就不同了。

相反，有时候相遇了，两人的关系也没有进一步的发展。这种情况，也是因为你自己决定了不跟这人进一步发展关系。

总之，对方的条件，只不过是你促使自己下决心结婚或者不结婚的附加理由而已。

对对方有好感，当然可以成为你决定结婚以及维持婚后生活的强大动力，但恋爱感情并不是突然产生的。是在交往当中，在共同生活当中，当两个人能够进行良好的沟通了，恋爱感情自然而然就会产生。

不过，我虽然用了"良好沟通"这个词，但不必特意去进行"良好"沟通。只要你觉得"自己不必在这个人面前特意装出好的表现给他看"就足够了。

这样的情感并不是人们一般所想象的恋爱感情那样炽热。当然，能够有那样的感情也不错，不仅仅是在最初相遇的时候，还能在长时间的交往中也保持这样的感

被拒绝的勇气

情,那么结婚生活就能够持续下去。

我想,如果你是以自己在那个人面前是否可以保持平常心为基准去相亲的话,那么就会用不同的眼光去看待男士了。

---- **咨询:** ----------------------------------

马上就要大学考试了,可儿子每晚都一心扑在游戏上,很晚才睡觉。作为家长该怎么跟他沟通才好呢?

¤ ¤ ¤

我想向您咨询一下有关我高中三年级儿子的事情。

他从学校一回到家,就躲进自己的房间,一直玩电脑游戏或手机,到很晚才睡觉。一般在节假日的前一天,都要玩到凌晨三四点钟,第二天一觉睡到正午都过了。上学的日子,早上也是怎么也起不来,因为

第二章　除了自己，没有任何人能决定你的价值

拖延，难免之后的时间会紧张，只好不吃早饭就上学去了。当然，上课时他好像也是在睡觉。洗澡倒是很早就去洗了，可刷牙则是有时刷有时不刷，每天都是急急忙忙的。

社团活动也结束了，现在已经进入必须集中精力应付大学考试的时期了，但他不仅不做高考准备，就连每天的生活节奏都打乱了，我每天都很犯愁。

我们感到很苦恼，不知道是该相信他，就在一边守着他，还是该严厉地跟他说如果是这种生活态度就不用去上大学了。

我们做父母的该如何去与他沟通呢？

另外，还有一个比他大五岁的哥哥。哥哥在高中时每天学习都很努力，考上了第一志愿的大学。作为父母来说，并没有把他与哥哥相比，也从未说过"你看哥哥这么能干"之类的话。

只是他自我认可度比较低，问他将来有什么理想

和目标,他说没有,这很令人担心。现在我该怎么与孩子交流呢?

(兼职,53岁,女性,地址未提供)

----- 回答: --

别再去掌控你儿子的生活。

如果现在这样的生活持续下去很难受,那是你儿子难受,应该不是你难受。

可能你会说,不是这样的,是你自己觉得很焦虑、很犯愁。但是这种焦虑,只应你自己想办法克服,你不能够要求儿子别让你焦虑。

也不能对他说"如果是这种生活态度就不用去上大学了"。为什么呢?因为上不上大学是由你儿子决定的事情。

虽然作为父母可以把自己的想法告诉他"以你现在

第二章 除了自己，没有任何人能决定你的价值

这样的成绩是考不上大学的（他可能会说这种道理你们不说他也知道）"，可是上不上大学，不可能由父母决定，况且你儿子的生活态度与上不上大学也没有关系。

可能你是担心他这种生活态度即使进了大学也不会好好学习吧。但是，谁也不知道他进了大学是否还会像现在这样。

有的人生活态度很差，但学习成绩却很好；有的人正相反，生活态度很好，但学习成绩却很差。

你对儿子说他没有必要上大学了，如果他真的因此打消了考大学的念头，你能够为你儿子的人生负责吗？

到时候你儿子会说："都是妈妈当时说不用上大学了，所以我就没去考大学的，因此弄得现在困难重重。"那你不就得吃不了兜着走了吗？

即使现在他对将来没有理想和目标，你也只能相信他在不久的将来能够自己决定人生的道路。

就你儿子来说，如果父母说别上大学了就不去参加

被拒绝的勇气

高考的话,那也是挺可悲的。

你虽然明面上没有把他们兄弟俩进行比较,但或许在他们看来,你也一直无意识地在进行着比较。如果你觉得弟弟比不上学习优秀的哥哥,那可就麻烦了。

不想学习的孩子,任何事情都可以作为他不学习的理由。

现在该怎么做才好呢?现在你只有相信他,在他身边守着他。

即使你焦虑不安,还是按照以前的态度、方式与不愿学习的孩子相处,也不会有任何变化的吧;你严厉地跟他说不用上大学了,也不会有什么变化。一旦他抗拒父母,不学习了,会更难办吧。

你如果不想为了儿子的事情而心烦意乱,那么我劝你,儿子的生活,别什么事情都去管。

要想做到这一点,首先得充实自己的人生。

你不必活在儿子的人生中。

第二章　除了自己，没有任何人能决定你的价值

----咨询：---

每天中午都在一起吃饭的朋友突然疏远了。

◻　◻　◻

有一天，朋友突然跟我疏远了。

因为在同一个单位，那位朋友每天都跟我们在一起吃午饭。可是从某一天开始，她不再跟我们一起吃饭了，同时，态度也变得冷淡起来。我没有办法接受这个事实，一直在想是不是自己有什么地方做得不对。

她性格开朗直率，而且很有正义感，我很喜欢她。一直以来，我跟她的关系很好，我们之间无须客套，可以自由自在地交换意见，也不会背地里互说坏话，觉得在一起相处得很愉快。正因为这样，对于她的突然疏远，我也难以掩饰自己的困惑。一开始我还想过，是不是因为我们的出生和成长的文化背景不同（因为我与她出生和成长的国家不同）？

被拒绝的勇气

她如此骤变，想必我有什么不对的地方，一定是自己做了什么事情以至她如此生气，因此我每天都在回想自己以前的言行，也发现了自己的态度存在应该反省的地方，于是我发信息给她，说若是我有什么地方惹她不愉快了，请她原谅。她回信息说，她没感觉到，我不用给她道歉的。但是她依然是不理不睬的态度。

还有一位和我们一起吃饭的女孩好像也不清楚她态度骤变的理由。

不过，依我来看，这位朋友也没有什么做得不对的地方，我想那一定就是我自己的问题了。但我究竟什么地方惹她生气了呢？我一直没有勇气去问她。

我安慰自己说别人的感情自己是没办法强求的，只要我自己喜欢她就行，即使她讨厌我，我也要将这份喜欢的态度和感谢的心情保持下去。我这样努力地鼓励自己，可是这种尴尬的局面并没有缓和，每天还得在同一层楼的狭小空间里碰面，有时候看到她对其他人就像以前对我一样展露出笑容，心里不由得感到莫名的寂寞与受伤。

怎么才能够从这样的心境中解脱出来，面对现实呢？

（公司职员，33岁，女性，静冈县）

回答：

即使认为自己有错也毫无意义。

人在不想与对方继续保持关系的时候，事后可以编造出很多的理由。

当一直关系很好的人突然疏远，你就认为是自己有什么过错，并寻找各种理由，但是无论怎样冥思苦想、反复揣摩，你也找不出理由来。我想，你朋友说不定也不知道自己为什么突然一下子要疏远你。

被拒绝的勇气

事后若找理由的话，可以找到很多理由。比如说因为不喜欢对方优柔寡断，可在这之前她明明认为对方是位非常温柔和善的人，喜欢对方没有控制欲的性格。

还有，原来觉得对方规规矩矩做事严谨的，后来却觉得对方唠唠叨叨拘泥于小事；原来认为对方性格豁达开朗的，后来则觉得对方反应迟钝马大哈了。

为什么会产生这样的变化呢？因为当不想与某人继续保持来往的时候，就必须找一个理由将行为正当化。因此，尽管对方并没有发生任何变化，但你对他的同一件事情的看法与原来完全不同了。

你所咨询的这个案例，因为你不知道朋友的心情为何改变了，所以即便你认为是自己有错，也毫无意义。你可以向对方表示你喜欢她的心情没有改变，但是我认为还是不要主动地去当其面进行解释和挽救为好。

当有一天她回心转意了，你还是一如既往地与她和睦相处就行了。

为什么你在人际关系中总是感觉压抑

----- 咨询: --

我非常怕生,都懒得与朋友说话,可一个人又觉得寂寞。

▫ ▫ ▫

我在人际关系中极度抑郁。

非常怕见生人,原本就不善于与人相处。不过,幸好到目前为止朋友们一直都对我很好,我也无须特别在意,可以保持自己本色和他们相处。大学里,我

被拒绝的勇气

们有六个人经常抱团在一起,但我与其他人交往不深,手机网络收到信息我也总是不回复,大家也都能谅解我。

可是最近,去了学校,我连这些朋友都不想跟他们讲话。也不是因为讨厌什么,就是觉得很累。不想说话就不去学校,可是过后听说了我没去学校那些天所发生的事情,又会感到很寂寞。

我不想与人接触,但一个人待着又觉得寂寞。

在这样的反反复复中,我变得越来越厌倦。我对大学的朋友并没有什么不满,可就是不明白自己为何会成这样子,真的感到很辛苦。我想应该是自己的心情问题吧,但又没有任何办法,实在是很苦恼。

(大学生,19岁,女性,东京都)

第二章　除了自己，没有任何人能决定你的价值

----回答：--

看来你是只想得到朋友的帮助，是在利用朋友的善意。

进入人际关系，就会产生某种摩擦，或被人嫌弃，或遭人背叛，受伤是不可避免的。

你说你极度怕生，不善于与人接触，而真实情况却是你为了回避与人接触，装作怕见生人。总之，我不太明白你说自己在人际关系中极度抑郁的意思。

另外，要说避免与人接触就感觉不到生活的乐趣，这倒也是千真万确。到目前为止，多亏了朋友一直都对你很好，我想你自己也清楚这一点。有的时候与其他人相处，经常需要很注意把自己好的一面展示出来，但是在好朋友面前，就用不着如此在意了。你也觉得自己能够"保持本色"与朋友在一起很幸运吧。

读了你的来信，我感觉你存在一个很大的误解。因

被拒绝的勇气

为你说自己对大学里的朋友没有什么不满（感觉你自以为了不起），而你的所作所为恰恰是在疏远朋友。

你希望朋友们都对你很好，你是只想着从朋友那里索取。虽然你没有把这看作理所当然的，可是貌似你是在利用朋友们的善意。

假如你还希望与朋友们继续保持来往，那么你就必须做出努力，使得朋友也想与你在一起。目前，当你不来学校的时候，好心的朋友还会问你怎么了，但如果你继续像现在这样，去了学校也不和朋友讲话，一会儿又不去上学了，总有一天你会发现自己身边一个朋友也没有了。

朋友们对你的行为很宽容，他们之所以接受你，是因为情分，这绝不是他们的义务。

你只有两个选择：要么继续像以前一样，利用朋友们的善意，直到某一天失去所有的朋友；要么想一想自己能为朋友做些什么，尽自己的努力融入朋友中去。除此之外别无选择。如果你还是继续目前这种状态，很遗憾，朋友是不会一直在你身边的。

请问，你会作何选择呢？

第三章

无法回应他人的期待，
那又怎样

除了自己本身,那些附属于自己的金钱、名誉以及工作等,与真正的幸福完全无关。

他人所认为的成功,未必是真正的成功。

必须要拿出勇气去做与人们的期待完全相反的行动。总是按照社会的期待行事的人,最后也会失去自我。

不必回应他人的期待

三木清在《人生论笔记》中经常引用歌德的名言。歌德说:"各种生活皆可以过,只要没有失去自我。只要自我还在,失去任何东西都不可惜。"这是歌德的诗。

三木清自己也说类似的话。他说:"幸福是人格。人如果可以像脱去外套那样,任何时候都可以毫不在乎地扔掉幸福,那他就是最幸福的人。但是,真正的幸福,他不会把它扔掉,而且想丢也丢不掉。因为他的幸福就如同他的生命一般,与其融为一体。"

能够像脱掉外套那样毫不在乎地把虚假的幸福扔掉,

被拒绝的勇气

那他就是幸福的。然而,真正的幸福是扔不掉的。因为真正的幸福是跟我们融为一体的。

在十一年前我因心肌梗死病倒的时候,三木清的这句话给了我很大的鼓励。当时我还在一所学校做外聘讲师,可是因病立刻被解雇了。想必学校也不可能聘请一个不知道下个星期是否能来上课的讲师吧。我跟学校说自己住院一个月就又可以来上课了,可是学校没有同意。

我躺在医院的病床上完全动弹不得。这种状态日复一日地过去,给家人也带来了很多麻烦。必须活在这样的状态中,我不得不思考自己是否真的可以这样活下去,自己有没有活下去的价值。不过就在这个时候,我想起了三木清的话,他说,别的幸福都能够扔掉,而真正的幸福是与自己融为一体的。

我本身的专业就是哲学,所以非常清楚世俗的成功与自己无缘。可是,我也不是没有想过希望得到世俗的名誉,如成为大学的教授、获取学位,等等。

但是，当时我突然意识到，那些世俗的名誉对自己来说已经毫无意义了。躺在病床上动弹不得的时候，金钱、成功还有名誉，完全不起作用。因此，当我明白那些东西都可以像外套一样脱了扔掉的时候，三木清说过的这些话给了我极大的鼓励。

躺在医院的病床上使我领悟到，除了自己本身，那些附属于自己的金钱、名誉以及工作等，与真正的幸福完全无关。

从摩擦中学习真正的幸福

其实，我们在每天的日常生活中经常会迷失了自我。为什么这么说呢？这也是从三木清的《人生论笔记》中引用而来的，他说："我们的生活建立在期待之上。"接着，三木清又说，"有时候我们必须拿出勇气去做与

被拒绝的勇气

人们的期待完全相反的行动。"这就是"被讨厌的勇气"。

我们活在世上一直被他人的期待所逼迫，被说应该这样或那样做。比如，想跟不符合父母意愿的人结婚，就会遭到父母反对。当自己下决心不结婚了，要单身生活下去的时候，又会遭到父母的反对。我单纯地认为结婚与父母的意愿没关系，可就有人说什么他不想做不孝之子，必须尽孝心，这令我非常吃惊。一个人活在他人的期待中，结果不仅不能度过属于自己的人生，也会失去真实的自我。

因此，我认为三木清所说的"必须拿出勇气去做与人们的期待完全相反的行动"，恰恰就是我们必须认真听取的。三木清说："想要按照社会的期待行事的人，很多时候最后发现不了自我。"当我们不遵从父母的意愿，决定过自己的人生时，其结果就是违背父母的期待。但是，只有经历了与父母产生的摩擦，人们才能够发现自我。要想接近真正的幸福，这样做就变得尤为重要。

我们一定要志存高远吗

咨询：

在工作气氛浓厚的职场，只有我不能满足公司的期待，感到十分焦虑。

口 口 口

我的苦恼并不是很清晰，明知自己不能一直这样下去，但又提不起干劲来。

我今年三十岁了，还没结婚，二十岁进入服务行业，一直工作到现在。自己一直以来就没有很强的进取心，也没有什么远大志向。

被拒绝的勇气

现在的工作单位环境不错，充满了浓厚的工作气氛。我觉得到目前为止，自己也是一直参与其中，积极努力地在工作，但是总达不到公司要求（完成销售目标），感到自己好像再也得不到公司的信任了。对于公司一直以来的关照，我也总想着要做出回报，可总是不能正视自己的缺点，老爱撒一些小谎，遮遮掩掩。

因为性格如此，自己心里的怨言也不能向谁去诉说，如今感到十分苦恼。我知道自己就算是辞去现在的工作，也还是会重蹈覆辙的，更何况我也没有辞职的勇气。虽然明白找到努力的目标很重要，但是这种气力也只是瞬间性的，完全无法持久。我既不想给公司添麻烦，也不想被后来的同事用鄙视的目光看待，可越是这样想，得到的效果越是相反。

怎么才能从这种怪圈中挣脱出来呢？请原谅我写得杂乱无章，请多多指教！

（服务业人员，30岁，女性，大阪府）

第三章 无法回应他人的期待，那又怎样

----回答：--

我不认为每个人都必须志存高远拼命工作。

如果你的苦恼尚不清晰，那就找不到解决问题的线索。首先必须弄清楚自己究竟为何苦恼，问题出在哪里。

如果你想继续现在的工作，觉得这样下去不行的话，那只有行动起来。假如你既不想这样下去，又提不起干劲来，那就说明你并没有真正认识到自己不能长此以往。

我也不认为工作的时候，大家都必须有志向，要拼命工作。有干劲固然是好，但是也不需要过多的干劲。

工作勤快一些，没有重大理由就坚持上班。不奢望能晋级，愉快地等待休息日的到来，就算是工作单位充满了干劲十足的气氛，你也不必非与其他人一样。可以有多样化的工作方式。

你鼓足干劲想要努力工作，但得不到结果，这也无可厚非。可能会因此认为得不到公司的信任吧。在这样的现实面前，你说对于公司一直以来的关照，自己也总想着要做出回报，这样想是正确的。

工作需要的不是"气力"，而是"努力"

但是，接下来你的做法就错了。你总是不能正视自己的缺点，为了掩饰，撒了很多小谎也无济于事。那我们就来想一想该怎么办才好吧。

首先，要弄清楚问题在哪儿，怎么做才好。

如果说所谓"缺点"就是指长期达不到销售目标，而不能完成指标又是你自身的问题，那么以后就不能避而不见。

不能正视自己的缺点，为了掩饰而撒小谎，这不是性格上的问题。那只是当你在工作上得不到预期结果的时候便会采取的行动模式而已，并非性格。而你之所以

第三章　无法回应他人的期待，那又怎样

把它看作自己的性格，是因为你觉得那种缺点是不可能改正的，至少是觉得改正起来很困难的。

其次，来探讨一下为了达到目标今后该怎么做，能做些什么。

我们先考虑一下能做些什么，为了将其付诸行动，也可以先制定一个目标。不过，如果只是糊里糊涂制定目标，那也是毫无用处的。制定一个含含糊糊的目标，或制定一个很可能无法达到的目标，令你一开始就认为那是达不到的。如果是那样一个目标，就算是能够达到，也会令你认为必须有"气力"了。

先制定一个可能达到的目标，待此目标达到以后，再制定一个较高的目标。为此需要的不是"气力"，而是"努力"。就算不能轻易达到，只要是有可能达到的目标，就不需要气力，但为了达到目标，努力是必须的。

再次，害怕后进来的同事会怎么看你。在现实当中，或许有人会用鄙视的目光来看你，但你也不可能去制止

被拒绝的勇气

对方。若是你不想被人如此看待，那么就只有自己努力。

最后，找到一个能够向其倾诉内心的人。我觉得让别人看到自己软弱的一面是很重要的。世界上没有完人。我想，你会发现世界上有很多人有着与你一样的烦恼。

即使是家人，也别相互干涉

> **咨询：**
>
> 丈夫说想辞职，我很为难。

¤ ¤ ¤

您好！初次见面。我是五十三岁的家庭主妇，丈夫五十五岁。他是从事建筑设计工作的，在四五年前被调到了另一个部门，工作内容完全不同了，他的视力也越来越差，现在工作起来很辛苦，我能够感受到他似乎很烦恼。离退休还有四年时间，作为我来说，

被拒绝的勇气

看不清楚就看不清楚，问一下周围的人就行了，就这样把这几年时间打发掉算了，但是丈夫好像忍受不了。

我们有两个儿子都在读大学，还有一个女儿马上就要升高中了。如果丈夫现在辞职的话，那么房子的贷款都无法还，孩子们也不能去学校读书了，实在是让我左右为难。丈夫自己说要找一份和现在不一样的工作，可是老实说，显而易见收入只有现在的一半。现在又不是公司要让他辞职，我觉得就这样混下去，能待在公司里不就行了吗？老实巴交的丈夫似乎忍受不了。我应该同意他辞职吗？

（家庭主妇，53岁，大阪府）

第三章　无法回应他人的期待，那又怎样

----| 回答: |--

辞不辞职，本该由他自己做决定。

商量中有三件事不可提。

考虑到孩子接受教育的事情、家里的房贷问题，你当然会觉得如果辞去现在的工作会有很大的麻烦吧。

但是，我想你丈夫也一定清楚地考虑过这些问题后才提出来想辞职的。虽然他十分清楚在目前这样的状况下不可能辞职，但还是下决心想要辞职，应该需要很大的勇气。

他说了想要找一份和现在不一样的工作，所以提辞职的事情绝对不是一时兴起吧。其实，被调到另一个部门也不是最近发生的事情，而是在四五年前。你丈夫从那时开始，就一直在为因工作内容不同了，越干越辛苦而感到苦恼。

而且他也不是自己已经决定了事后再告诉你的，我

被拒绝的勇气

觉得他现在还在犹豫中。我们留意一下这几个方面,来探讨一下吧:

首先,你可以发表自己的意见,但要知道"有些意见可以跟他说,有些意见不可以说"。原本辞不辞职是由他自己决定的事情,也只有他自己才能做出决定。但是,如果他一旦辞职,就会给家庭带来实实在在的麻烦,所以你可以就"能否辞职"一事发表自己的意见。

这时,你不能一开始就对他说绝对不能辞职,对此你绝不让步。因为一开始就把结论说出来的话,那么就谈不上商量了。

你能讲的意见,只有关于现在辞职的话会有什么样的困难,要克服这些困难必须做哪些事情。当然,就这些问题进行商量,如果他能理解辞职不现实,那也许就会打消辞职的念头。可这也是通过商量才能知道的结果。

其次,绝对不可谈及他的工作方式。也就是不能说"看不清楚就看不清楚,问一下周围的人就行了"之类的话。

第三章 无法回应他人的期待，那又怎样

虽然你希望他不要辞职，但是即使他决定打消辞职的念头，今后以什么方式继续工作，该由他自己决定。或许你认为他就这样在公司里混下去就行了，但是你不能对他的工作方式指手画脚。

最后，在商量的时候绝对不能责怪对方，这很重要。首先要尽量去倾听对方解释，理解他的想法。理解与赞同是两回事。能够理解但不能够赞同，这也很正常。重要的是，他能感觉到你在倾听和努力理解他的想法。

辞职还是不辞职，虽然是目前需要解决的问题，但一开始你就不去理解，也不去倾听，那么，即使他继续工作了，不给家庭经济带来困难，或许今后你们两个人的关系也不会好。

人不是为了工作而活着，是为了活着而工作的。进而言之，是为了幸福地活着而工作的。从这个意义上来说，虽然确实存在现实的问题，但如果他干着不如意的工作，并感到不幸福，甚至觉得你们两个人的生活也不幸福，

那么结果肯定会鸡飞蛋打一无所有。

商量不是一次性的,也可以进行多次。我想你可以对他说要是今天拿不出结果,下次再谈吧。重要的是,两个人之间能够同心协力去解决问题。

无论是通过什么样的形式,期望你们解决问题的实际感受,能成为两个人今后人生的宝贵经验。

敢于孤独的人，才能肯定自己

---- 咨询：--

被父母长期以来的冷漠所伤害，我现在连朋友也找不到。

口 口 口

我成长到现在从未得到过父母的关爱。虽然也没有受到过虐待，但是从来都没有被父母认认真真地对待过。

我说不想去学校，他们就说那就别去了。我说不想学习，他们说那就去工作吧。我只觉得父母就像是外人。

我并不是真的不想去学校，不想学习，我只是希望他们能关心一下我。

但是，父母只想要装作好父母，把我的话当真了。一点儿也不在乎我。

在这样的环境中生活了十八年的我，既不能向父母说说自己内心的真实想法，也不能做自我肯定，以至于连朋友也没有。对什么事情都提不起兴趣来。感到人生很受挫。

这样的我，今后还能挽回自己的人生吗？

（学生，18岁，女性）

回答：

不能自我肯定与同父母的关系没有任何关联。你一定能活出自己的人生。

当然可以挽回。

第三章　无法回应他人的期待，那又怎样

到目前为止的人生中，你因从来都没能得到父母的认真对待，一定感到很痛苦吧。正因为如此，你才没办法向父母诉说自己内心的真实想法，这些我都能理解。

不过，我无法理解你所说的不能自我肯定，以至于连朋友也找不到，对什么事情都不感兴趣，并感到人生很受挫。因为这些与你和父母的相处方式毫无关系。

如果说你父母像其他很多父母那样，一直以来嘴上总说"这是为你着想"，事无巨细都要对你的人生进行干涉的话，我觉得这样要可怕得多。

另外，像你父母那样，不干涉你的人生，任何事情都必须由你自己来决定，与前者不同，从某种意义上来讲，你也一定很辛苦。因为人生选择的责任都要由你自己来扛，不能推给父母了。

不过，你已经十八岁了，今后一定会从父母身边独立出来，走自己的人生道路。现在的你，一定能做到。

他人眼里的精彩,未必是真正的成功

----- 咨询: -------------------------------------

因从小就有焦虑症,当在人面前演讲或在会议上发言时,就发挥不出应有的水平。

❏ ❏ ❏

我喜欢工作,也觉得很有意义,但是就是害怕在会议上发言,很多时候一开口就会把事先准备好的内容忘得一干二净,脑子里一片空白。除了工作以外,比如说参加结婚典礼,也很害怕在人面前致辞。

第三章 无法回应他人的期待，那又怎样

回想起来，自己从小就属于正式场合就怯场的那种类型。

随着年纪的增长，我觉得自己不能再这样下去了。还有，看到同事们在别人面前讲话一点也不紧张，我就会产生自卑感，心想为什么自己说话就不能够像别人那样自然呢？

怎样才能做到在别人面前讲话也可以像平时一样自然呢？

（公司职员，30岁，男性）

---- **回答：** --

感到紧张不是什么坏事。不过，你的紧张存在其他目的。

你的紧张其实存有其他目的。

在人前讲话时,没有人能做到完全不紧张吧。

紧张都是有目的的,就是你很想说要是不紧张,自己就可以好好做演讲了。因为如果自己演讲得不好,就可以归咎于紧张了。

但是,也许你即使不紧张也做不好演讲。

你经常与人比较,这也是问题。

你看同事讲话不紧张,但是或许他只是看上去不紧张而已。

或许他为了让自己不紧张,平时进行练习了。比如,先写好稿子,大声朗读,录音以后再从头听过。

你经常想自己怎么才能像同事一样讲话自然不紧张,把自己与擅长演讲的人进行比较,当你认为自己无论如何也做不到像同事那样自然演讲的时候,也就不会想到要进行练习了。可以说是因为你不练习,所以认为自己不行。

就算你说自己从小属于正式场合就怯场的那种类型,说自己平时在非正式场合可以很好发挥,其他人也理解不了。其他人只有在正式场合才能听到你说话。你之所以说如果是平时而不是正式场合，讲话就不紧张了，那是因为你活在一种可能性中。如果只是在非正式场合就不紧张，可以好好讲话，那谁都可以做到。

假如你在非正式场合真的能好好演讲，那么你只要把正式场合当作非正式场合就可以了。

你只要想一下正式场合与平常有什么不同，就会明白该怎么做了。在正式场合，你是想讲得更精彩些，期望给人留下好的印象。其实你用不着这么想。

因为重要的不是讲话是否精彩，而是你讲得是否正确。你想要做一次令人陶醉的著名演讲，也没有多大的意义。

会议不是演讲比赛。结婚典礼上的致辞也是为了向两位新人表示祝福，应该不是为了让来参加婚礼的人认为你是位精彩的演说家。

被拒绝的勇气

别去想要讲话精彩

我在演讲一开始,有时会说"我今天比较紧张""刚开始讲不好"。这样说就不会去想今天自己必须讲得有多精彩了。

还有一个问题,就是你不相信听你讲话的人。难道你看到讲得不好的人会去嘲笑他吗?应该不会吧。那么,其他人大概也不会因为你讲得不精彩而嘲笑你。

紧张其实也不是什么坏事。人在紧张的时候,可能反而能够超常发挥。年轻时,我曾参加过学生管弦乐团。有非公开演出,其实就是像正式演出一样的彩排。当时并不感到紧张,但是在紧张的正式演出时,我明显感到大家比非公开演出更好地发挥出了实力。

当然,我们在练习时一次都没能做到的演奏,在演出时却做到了的情况也从来没有发生过。

其实,没有瑕疵也不一定就是好的演奏。我们在人前演讲时也一样，可以紧张，可以不自然甚至结巴。

因为所谓"在正式场合发挥水平"，不是指讲得有多精彩，而是指讲得是否正确。

第四章

敢于活在当下,是一种勇气

我们想起过去就会后悔，但是应该知道，过去的已经不复存在。

　　我们也会为还没有发生的事情而担忧。但既然事情还未发生，过度的忧虑就是徒劳的。

　　放下过去，看淡未来，才能告别不安。

放下过去的勇气

我在护理患上阿尔茨海默病的父亲时，有一种深切的体会——人活在"当下"就是幸福，不存在过去。如果你祈求幸福，也就是说为了发现自己是幸福的，那么就请你放下过去，这是非常重要的。

我们都被过去囚禁着。我想很多人在过去都经历过艰辛，但我们必须把它丢弃，想到过去的艰辛如今已经"不再"。

阿尔茨海默病患者并非一直处于患病状态。有可能在某一天，那些曾经被遗忘的事情忽然就像云开雾散一

被拒绝的勇气

样又回来了，而眼前的那个人，也重新回到了我们所熟悉的状态。这个瞬间一定会出现，所以护理患者的家人绝对不能错过这个机会，尽管它出现的时间延续不了很久。

有一天，父亲又回到我们所熟悉的旧时状态，他对我们说："忘掉也是没办法的事情。"

我读小学时经常被父亲打骂，与父亲的关系并不好。当时我很想对他说他可别随便就忘记了哟，但他本人却说"忘掉也是没办法的事情"。一般来说，他是不记得已经忘掉的事情了，可当时却不同，他接着又说："要是有办法的话，我想从头再来过。"

听到父亲说想从头来过的时候，我便彻底放下了。我深深地感到，虽然曾经与他有过种种不快，但事到如今也不应该再把它作为问题了，或者说即使把它视作问题也是没有意义的。

若不这么想，那么人际关系的问题是无法解决的。

第四章　敢于活在当下，是一种勇气

像我，则是父亲帮我说破了。我想，如果我们觉得自己与哪个人关系不好，就必须有放下过去的勇气。

我们想起过去就会后悔，但是应该知道，过去的已经不复存在。有人说自己现在活着很辛苦，是由于过去的经历。果真如此，那么为了从现在的辛苦中解脱出来，你就必须回到过去，去清除这个原因了。但是，只要没有时光隧道，人是回不到过去的，所以今后你就不得不继续承受这种辛苦了。

看淡未来的勇气

刚才讲的是过去的事情,现在讲一下未来的事情。要问未来将会是怎样,未来也不存在。因此,没有必要为还没有发生的事情而担忧。

可以放到明天考虑的事情很多很多。还没有发生的事情,现在可以不用去考虑。今天考虑了也没用的事情,就不用考虑,只为了今天这个日子活着就行。可能有人无论如何都得考虑一下今后的事情,但谁也不知道今后将会怎样。

无论两个人怎么认为自己现在正处于最幸福的时候,

第四章 敢于活在当下，是一种勇气

也会有也许明天就吵架分手的状况。也许会有这样的日子吧，但即使这样的日子来了，也可以在那天到来的时候再考虑的，今天我们只能抱着与对方亲密相处下去的决心过日子。就这样，如果每一天都能过得很充实，想必你们两个人的关系将会变得非常充实，两个人的关系也一定会持久发展下去的。

我在护士学校里教书，经常有学生问我这类问题，我就是这样回答他们的。有关恋爱的咨询很多，其中最常见的就是"怎么才能使远距离恋爱获得成功"。怎么才能使得远距离恋爱顺利持续下去呢？那就是不要让分别前的三十分钟郁郁寡欢。眼看不得不分别的时间越来越近，有一方或者双方都会变得不开心，于是就谈及下次究竟什么时候能再见。"下个星期有工作见不了面，所以下次见面要两个星期以后了。"当谈及这种话题，两个人的关系就会不好了。

如果两个人度过的时光很充实，那么会在分别以后

被拒绝的勇气

才发现:"啊!我们都没约好下次什么时候见面呢!"两个人能够如此充实地度过时光,那么他俩的恋爱一定会顺利持续下去。但是,如果现在两个人不能完全享受在一起的每个瞬间,而不能有效利用相聚时间的两个人却在约下次再见的时间,就好像你在逼问对方"什么时候能再见"。如果两个人在一起度过的时光很充实,连下次见面的事情都来不及考虑,那么他们的恋爱一定会长久的。能不能长久持续,这是结果而不是目标。

在心理辅导中常见的问题是,孩子不愿去学校,父母很担心。很多人向我诉苦,说他们感到非常不安,担心这孩子将来会怎样,会不会总是不去上学就这样过一辈子。

我是怎么回答他们的呢?我说这不是现在考虑的事情。总之,如果家里有孩子,那么只要考虑与这孩子好好相处就可以了。去不去学校是由孩子决定的事情,不是由父母决定的。可能孩子不久就到该上学的时候了,

第四章 敢于活在当下，是一种勇气

但父母不能逼孩子去上学。

很多人都认为在问题尚未解决的时候是得不到幸福的，但事情绝对不是这样。没有必要将幸福滞后。

为什么呢？因为幸福不是过程而是存在。你要明白今天能与孩子一起度过，就已经足够令人欣喜了。父母觉得孩子如果不去上学，未来就绝对会是一场灾难，但父母这时看起来是为孩子考虑，但事实上也是为了追求"成功"。

从学校毕业是一种成功。或许有人会说远离这样的成功而活着的孩子不幸福。当然，我也不认为孩子在家放手不管就好，学校教育也是很重要的，但我认为更重要的是，你们要感到能与孩子在一起就已经是幸福了。

你无法知道今后会发生什么。既然如此，请你放手未来，即便会有问题，也还是先考虑做现在能做的事情。你现在觉得幸福就好。

与其担心未来，不如为今天全力以赴

> **咨询：**
>
> 都说现在"进入人生百年的时代"，但又不能憧憬幸福的晚年，故对长寿感到不安。

☐ ☐ ☐

最近经常看到"进入人生百年的时代"的说法，可一想到要活那么久就感到不寒而栗。

我工作的单位属于夕阳产业，今后的工作将不断地被人工智能所替代，而且还存在老龄化社会、人口减少、

第四章 敢于活在当下，是一种勇气

政治不信任等问题，越想越不指望会有幸福的晚年，我可不想长命百岁。虽然是这么说，但自己又没有足够的勇气去自杀，岸见先生对老龄化社会是怎么看的呢？

（公司职员，38岁，男性）

回答：

你的幸福不是由社会形态决定的。

与其担心将来，不如为今天全力以赴。

以前有位年轻人觉得今后四十年都将过和现在一样的生活很辛苦，于是就尝试自杀。在当今社会，我们甚至连一年以后会发生什么都不能预测，所以我对这位年轻人认为今后四十年会继续过和现在一样的生活，感到非常吃惊。

但是如果能够一直过一样的生活，可以说也是可喜可贺的事情。我不认为很多人都希望自己的人生跌宕起

被拒绝的勇气

伏,在充满不确定性、不能预测会发生什么事情的状态下度过一生。

话虽如此,但如果今天的生活与昨天没有丝毫变化,只想明天还是延续今天的生活,那么即使没有什么特别的不满,或许你活着也会经常觉得总有什么地方得不到满足。一想到今后要带着这种不满生活下去,你也会产生难以名状的不安吧。

如果能继续同样的生活那还算好,如果你对将来不抱希望,即使能长寿也不指望有幸福的晚年,那么就会对今后越来越感到不安了。

不过,我觉得"如果今后过不了好日子就不需要长寿"的说法很可笑。

首先,要说个人对于社会老龄化有什么办法,或许是什么办法也没有。但是,在从这样的社会环境中出逃之前,我们可以思考一下在这样的社会里该如何生存。

其次,幸福并非取决于今后的社会将如何改变。确实,

第四章 敢于活在当下，是一种勇气

社会形态对人们的幸福生活有很大的影响。就举例中所提到的政治而言，并不是说一下政治不信任就不管了，我们还要努力去改变政治。

我从未指望过政治家能给我们带来幸福，但是不希望政治家给我们带来不幸。对于今后，我们不能撒手不管，必须为子孙后代着想。

你说一想到活那么长就感到不寒而栗，但即便今后长寿的人越来越多已成趋势，谁也不能保证自己就真的能长命百岁。我们在说想不想活得长久之前，首先要知道，没有任何证据向你表明，你能活得足够久。

既然如此，你现在为或许来不了的晚年而感到不安，说什么因为不能期待有幸福的晚年就不想活得长久等，我觉得这就好比在说，心脏总有一天要停止跳动的，现在就把它停掉好了。

如果你今后还想生活下去的话，你能做的不是将来的事情，而是就为了今日而把这一天过好。

父母的课题，不是干涉孩子的未来

---- 咨询： --

儿子说要辞去电视台下属公司的工作，当自由影视制片人，我担心他无法维持生活。

▫ ▫ ▫

儿子从电影专科学校毕业以后，进入了一家与影视有关的公司。做市场开发，连吃饭时间都没有，几乎不回家，晚上都睡在公司，结果有一天早上起不了床，耽误了摄影，被解雇了。之后他一边打短工一边在朋友的摄影棚里帮忙。

也曾有人请他负责制作用于发表会的数字影碟，五年前在影视相关派遣公司做了登记注册，现在一家电视台下属公司以非正式员工的身份工作。他曾想过有一天能成为正式员工，可似乎看不到转正的希望，就想放弃了。儿子说准备今年10月从派遣公司辞职，独立出来，做一名自由影视制片人，走遍日本全国，为民间传说的口述者摄影，制作成数字影碟，以此来赚取制作费。

作为母亲，我认为这种工作无论如何也维持不了生活，很为他担心。现在，儿子住在东京都的一间公寓里一个人生活，独立出来以后，我们做父母的应该为他支付房租、健康保险、国民年金吗？我感到很头疼。

（寅子，66岁，女性，东京都）

被拒绝的勇气

> **回答：**
>
> 坦率地说，作为父母没有什么可为他做的。

最近，由于过劳死的问题，父母认为应该了解子女在从事什么样的工作。从某种意义上来说，这也是理所当然的，我也明白父母从子女那里听说了工作的事情以后而担心的心情。

但是，幸好你儿子被从事繁忙市场开发工作的公司解雇了，眼下你不用担心他会过劳。现在你担心的是，他不能成为公司的正式员工，作为自由制片人能否维持生活。

如果你儿子自学校毕业以后到现在，都是自己赚钱维持生计的，那么今后也没有什么可担心的。这就是合理的结论。

如果我对你说不必有任何担心就可以结束这次咨询的话，那就好了。但是，我还是不能就此打住话题。为什么呢?因为我不能保证你儿子今后可以自己维持生计,毫无问题地生活下去。做父母的也一样。父母也不知道子女今后的人生会怎样,所以才担心。

只有子女能决定自己要从事怎样的工作

那么,作为父母有没有什么事情可做呢?这是个问题。坦率地说,什么也做不了。因为父母无法干预子女的工作。从事什么工作,只有子女自己能够做决定。

当子女工作不顺利的时候,也只有他们自己才能承担这个责任。其实,你儿子早晨起不了床耽误了摄影的时候,他就该辞职了。

要说父母能做些什么,那就是询问他你们有什么可帮忙的。如果对于你们的询问,他回答说希望你们帮他做这些或那些,而你们做父母的也是能够办到的,那么

被拒绝的勇气

就可以帮助子女。

但是,就算经过了这样的流程,父母也没有什么可做的。因为不能迟到,你儿子让你们早上打电话提醒他,你们会打电话吗?支付房租、支付国民年金,其性质就如同早上打电话提醒一样。

更不要说,他还没有向你们提出要求,你们就想帮他支付房租和国民年金,如果你儿子是个自尊心很强的孩子,他会以接受父母这样的援助为耻的吧。因为这样做等于告诉他说父母不相信他。

如果他一直以来都认为依赖父母理所当然,那么你们跟他提这些,他就会变得更加依赖了吧。当父母还在想方设法为子女做些什么的时候,子女是不会认真地去思考自立。我想你们即使不援助,你儿子也能自力更生,我劝你们现在什么都不用去做。

亲密关系中，如何让对方愿意听你的

---- 咨询： --

发现丈夫又在外借钱。

▫ ▫ ▫

我是应该只为自己考虑跟他离婚，还是尝试着再相信他一次呢？

我发现丈夫又在外面借钱。这次借了两百万日元。

上一次是五十万日元，说是因为零用钱不够，做了信用卡透支提现。而这次说是买卖股票亏了，便去

被拒绝的勇气

炒外汇,结果更亏了,好像是从金融机构借了八十万日元。银行账户上原有的一百二十万已归零,加起来一共两百万日元。

我一点点积攒起来的钱,一下子都没了。

我觉得他借钱这毛病一下子也改不了,我还有孩子要抚养呢。

但是,现在丈夫正与癌症作斗争,我要是跟他离了婚,他就成孤单一人了。因为他父母都去世了。

我是应该为自己考虑跟他离婚,还是尝试着再相信他一次呢?

(办事员,38岁,女性,千叶县)

第四章　敢于活在当下，是一种勇气

----- **回答：** ---

重要的是，不能重复上一次借钱被发现时的处理方式。

与其责怪他借钱，不如帮他想一想如何才能解决问题。

这是第二次借钱被发现了，所以首先要把握住的是，如果与上一次同样处理，那么今后还会发生类似事件。这次的处理方式必须与上一次不同。

如果是他一个人生活，借了很多钱，把储蓄也用光，生活难以维持，那也只是他一个人的事情，可以说就随他去吧。但你们两个人已经结婚，在一起生活，所以他的行为结果不单单落在他一个人身上，还会威胁到你们两个人的生活。如果你们今后还将继续婚姻生活，当然可以说希望他不再借钱了。

重要的是，不要去责怪他借钱，先帮助他想一想如

被拒绝的勇气

何才能解决问题。

你来信没有提及上一次是怎么处理的，所以我也不知道，但你说的是"发现借钱"，也就是说这一次他也对你隐瞒了借钱的事情，所以你跟他讲大道理，说"欠了那么多钱，生活就难以维持了，别再借钱了"之类的话，他一定会反感，而且这些道理他原本应该就很清楚的。

如果他认为借了钱也没什么大不了的，那就不会隐瞒了吧。他若真是零用钱不够，那肯定会找你商量说能不能再多给点的。问题在于，这次他借了钱也觉得必须隐瞒。

这次你能做的就是看到他好的一面。

解决问题的办法有两个。

首先，想一想是不是你造成了他想要隐瞒。实际上即使他暂时不借钱了，也还是会故技重施的。这种例子多得很。

第四章 敢于活在当下，是一种勇气

你一定要告诉他如果零用钱不够，可以跟你商量，而不是偷偷地去借钱。这次你先不要因股票买卖受损而借了两百万这个金额表现得非常吃惊，先听听他怎么说。在他讲话的时候，你也不要中途插话跟他说应该如何如何，更不能批评。要不然，他就不愿意再跟你说了。

其次，要看到他处理得当的地方。如果只关注有问题的行为，那谁都会。对他而言，或许是想通过借钱这件事情来引起你对他的关注。

因为他也不是经常借钱，在日常生活中你要关注他处理得当的行为，开开心心地与他共同生活，这是你现在能做到的事情。希望他知道不必去借钱，他身边也有理解自己的人。

我并不是说，因为眼下他正在与癌症作斗争，你就要无条件原谅他，不去提他有问题的一面。但是，无论他是生病还是没病，为了两个人在生活中能和睦相处，都必须看到对方处事得当的一面。

被拒绝的勇气

　　当然，接下来该如何做，就看你自己了，我认为还是值得再做一次努力去和睦相处的，尤其是他正在病痛中。

　　你得做出令自己不会后悔的决断。

对他人的不满，源于对自己的焦虑

咨询：

我正在护理母亲。哥哥什么也不做只会指手画脚，感到很头疼。

▫ ▫ ▫

我住在八十多岁老母亲的隔壁，我和丈夫两个人负责二十四小时护理母亲。我有一个哥哥，他与父母一起居住时相处得不好，就搬出去了。

但是，他对母亲的护理等，什么事情都要指手画

被拒绝的勇气

脚进行干涉。当着理疗中老母亲的面跟我说什么"老人会痴呆的,让她干点家务好了",等等。

他既不出钱也不出力,光是动动嘴,很难接受。我觉得自己真的是对不起我丈夫。

面对这种一副长子面孔的哥哥,我该如何应对呢?请帮我出出主意!

(公司职员,55岁,女性,神奈川县)

回答:

你的不满也许是来自你对自己的焦虑。

如果必须护理你母亲,那么只有先把这看作不可改变的现实去接受它,然后再做其他考虑。

现在来追究你哥哥和你母亲过去的关系也无济于事。而对于你哥哥和你母亲现在的关系,你也是无能为力的。

第四章 敢于活在当下，是一种勇气

确实，老被他指手画脚，也许你很想对他说："有那么多不满的话，要不要我用八抬大轿把母亲给你送过去啊？"如果你愿意护理母亲，那么无论外面有什么样的杂音传来，你都不要侧着耳朵去听。

你哥哥不能照顾母亲，所以说一些"不中听"的话，或许含有别的什么意思吧。

比如，子女想跟父母借钱时，有时候说话会很蛮横。你要是想借钱，即便是向自己父母借，也应该恭恭敬敬地恳求他们才对啊。可子女向父母借钱，自己总感到有些内疚，所以就会用那种态度对父母说："给我钱！"

对子女来说，最理想的情况应该是不向父母借钱。可现实又不得不借钱。这种理想和现实之间的反差叫作"自卑感"。

这种自卑感，如果你不采取蛮横的态度，而是恭敬地对父母说能不能借些钱给自己，应该就可以消除的，

被拒绝的勇气

可是自尊心强的子女就是办不到。

就拿你哥哥来说吧,他心里可能想自己应该照顾母亲的(这就是理想),而现实中自己又不能护理母亲。他想尽办法要把这种理想与现实之间的反差解决一下,可遗憾的是他也无能为力,所以就摆出一副"长子面孔"来。

其实他只要对你说"老妈的事情拜托你了"就行,可他就是说不出口。

他说那种话确实有点问题,可你哥哥至少对母亲并非漠不关心,这一点是肯定的。

因此,如果今后你能与哥哥友好相处,至少是不想白白地浪费力气的话,就要从哥哥的言行中看到他的善意,这是一种选择。

你自己是不是对"护理母亲"这件事还不能完全接受?

我觉得好像是你不能接受,自己没有专心去护理母

第四章 敢于活在当下，是一种勇气

亲，而把原因归咎到对母亲出言不逊的哥哥的态度上了。

现在你要把精力放在护理母亲上，如果你看到母亲日子过得很开心，你也感到高兴的话，想必就不会对哥哥的言行在意了。

告别彷徨不安、拒绝挑战的自己

> **咨询：**
>
> 找到了值得干一辈子的工作，但又难舍目前的安定环境。正为是否该转行而烦恼。

▫ ▫ ▫

找到了可以干一辈子的工作后我打算转行，但那是一个完全未知的领域，以前虽然也见到有好几个人进行过挑战，可他们最终都半途而废。

那是一项肯定有利于他人的工作，以至于在我的

第四章 敢于活在当下，是一种勇气

心中，找不到半点不去干的理由。就算会失败我也非常想要去挑战。

但每当打算辞职进入新的行业，我又失去了勇气。我已经换过好几次工作，现在总算取得了一些成功，也有了稳定的收入，所以对是否该转行犹豫不决。

虽说生活稳定，但是我既没有家庭也基本上不与人交际。我特别希望过上"像人的生活"，也希望自己的工作前景可期，我也告诉自己，在转行之后应该争取一个有人际交流的私人生活。

一直以来，每当我徘徊在人生的岔路口时，都没有人可商量，总是自己一个人独断而行。很想听听您的意见。

（医疗机构职员，33岁，男性，大阪府）

被拒绝的勇气

> **回答：**

表面看上去你还在彷徨，但实际上你已经决定放弃挑战了。

如果真的是"肯定有利于他人的工作，以至于在我的心中，找不到半点不去干的理由"的话，我想你完全可以毫不犹豫地转行了，根本不必来咨询我。其实，让你对转行游移不定的理由有很多吧。

尽管甚至找不到半点不去干的理由，可你还是犹豫不决。

表面看上去你还在彷徨，但实际上你心里已经做出了决定，那就是不去进行挑战了。

你之所以犹豫不决，理由之一就是你不具备即使失败也要挑战的魄力，而且还把没有魄力的原因归咎为自己对那个领域完全未知，说什么以前进行过挑战的人都以失败而告终了，等等。

第四章　敢于活在当下，是一种勇气

首先，挑战没有不失败的。如果本来就是不会失败的话，也称不上"挑战"了。

对于无论发生什么事情都要去进行挑战的人而言，应该不会认为自己的挑战绝对会失败的。工作是否能顺利进行，不实际去尝试一下怎么会知道呢？即使是以前进行过挑战的那些人都失败了，也不意味着你只能和他们一样。

就算到目前为止没有一个人挑战成功，将要去挑战的人也会坚信自己很可能就是那第一个成功者。

问题在于，你为什么不去挑战呢？

不去挑战当然不会失败。

尽管你说没有理由不去干，但还是犹豫不决。与其说你心里有纠葛，不如说你认为不挑战的好处更多。

坦率地说，你是害怕面对结果，而不进行挑战就没有结果了。你是觉得自己还是活在"我要是去挑战，或许会成功"的幻想中比较舒适。

被拒绝的勇气

因此，与转行以后的工作完成起来是否有困难没多大关系。说得更明确一点，你觉得有困难更好，因为这样你就有了足够的理由不去挑战了。换句话说，你不是因为工作完成起来有困难而不去挑战的，而是为了不去挑战，你把它想象得很困难，你只是"想要去挑战"而已，并不是要"进行挑战"。

在谈论是否转行之前，你首先要正视"自己为什么工作"这个问题。

你对转行犹豫不决的另一个理由就是，如果转行就要放弃在现工作单位所取得的成功与稳定的收入，但是你必须考虑自己究竟为何工作。

难道就是为了成功，为了有稳定的收入而工作吗？我不是说不可以去争取这些东西，但这些东西是工作所得到的结果，并不是工作的目的。

也不是只要能获得成功，或者能获得稳定的收入，干什么都行吧。

这样一想，如果你还是考虑转行以后要争取"像人的生活"和"前景可期"的话，那么你可以把这视为你工作的目的。

如果你把转行以后的工作看作达到这些目的的一种可能，那么，你不是就可以坦然地去面对新的工作了吗？

或者说，若是你工作的目的很清晰，我认为你即使不去挑战新的工作，就在目前的工作中，不是也照样可以考虑如何才能过上"像人的生活"吗？

并不是因为现在的工作，你才没能过上那样的生活，这一切，取决于你当下如何看待工作这件事儿。

第五章

在人际关系中展现自己的价值

阿德勒说:"所有烦恼都来自人际关系。"

人际关系错综复杂。进入人际关系,就一定会经历受伤,或讨人嫌弃,或被人憎恨,或遭人背叛。

但幸福很难仅仅依托于自己而存在,真正的幸福,是存在于人际关系中的。

想要处理好人际关系也很简单:在关系中展示自己的价值,并且永远相信自己的价值。

真正的幸福存在于摩擦之中

《人生论笔记》中说过,幸福不只是内在的东西,还是"外在显现的东西"。

所谓"外在显现",意思就是向他人展现幸福。每当我阅读《人生论笔记》就会想,三木清与其说是哲学家,不如说是位诗人。因为有关何谓幸福、生与死等,对于这些很难用理论来解释的东西,他却可以通过很美的语言进行阐述。

三木清在书中也的确使用了"诗人"一词,他说:"不会吟唱的诗人不是真正的诗人。"诗人就得吟唱,就得

被拒绝的勇气

把诗歌传递给人们。幸福也是要向人传递的。

如鸟儿歌唱一般，自然而然地向外展露，能使他人幸福的才是真正的幸福。

我们能做的，首先要使自己幸福。然后把自己的幸福像鸟儿歌唱一般对外展现，让这种幸福也使得他人幸福。反之，不幸亦然。如果向外传递不幸，那么，这种不幸也会传染给他人。

我在做心理辅导时，很多家长因为子女的问题来咨询我，我会这样问他们："在你们的子女看来，父母是幸福好还是不幸福好呢？"

很显然，每位来访者都立刻回答说是幸福好。

没有哪个孩子希望因为自己而使父母变得不幸。可是，父母们总是为孩子不去学校的事情苦恼。父母为孩子的事情苦恼，其实是有目的的，那就是为了告诉孩子

第五章 在人际关系中展现自己的价值

和周围的人,自己就是因为这个孩子才变得如此不幸的。这样一来,或许可以引起社会的同情,但是,我不认为有这种想法的父母与子女之间会保持良好的关系。

因此我跟他们讲,子女能够自己解决自己的问题,所以他们首先要让自己幸福,他们的幸福就一定会传递给孩子们。因为我希望父母们能意识到自己已经在幸福之中。

这也适合于任何人。不是完不成某项工作我们就不幸福,希望大家无论何时何地、在何种状态中、在怎样的状况下,都能发现眼下的自己是幸福的。

三木清还说,不能抹杀人们追求幸福的愿望。当时的三木清就敲响了这样的警钟,说:"人们追求幸福的愿望,正在社会、阶级、人类等所有一切的名义下被抹杀。"诚然,自己一个人幸福是不可能的。但是,认为对所属共同体的义务应优先于个人的幸福追求,这种想法是否正确呢?绝对不是。这只是在共同体的名义之下,压制个人幸福的一种借口而已。

正如无论孩子怎么样，父母都有权优先考虑自己的幸福一样，对于优先追求个人的幸福，我们绝对不能犹豫。

如何向外展示自己

怎样才能展现自己的价值呢？三木清是这样说的：

"要时常向外展现你的幸福，如开心、礼貌、热情、宽容，等等。"

单从这句话，我们无法知道三木清在写这句话的时候心里在想什么。我们再读一下前面引用过的三木清的话吧。他说："如鸟儿歌唱一般，自然而然地向外展露，能使他人幸福的才是真正的幸福。"

向外展露幸福能够使他人幸福。

首先，我们要开心。性情稳定的人会受大家欢迎，

被拒绝的勇气

因为周围的人不必为他担心。和这样的人在一起,周围的人也会变得开心。有的人从早到晚愁眉苦脸,一副不开心的样子。这种人看上去就像是自己正在把每一天弄得毫无乐趣。这只是他自己一个人的事情倒也罢了,可实际上还会影响到周围人的心情。

其次,就是要有礼貌。也就是说,当别人请你做什么事情,你不要敷衍了事地说自己很忙。如果自己被人以礼相待,那么就会很开心,觉得自己受人重视。

再次,就是要热情。自己能做的事情当然要自己做,当别人向你寻求帮助时,尽可能地去帮助他。我觉得好些人的行事恰恰相反。自己时常麻烦别人,但当别人向他求助时却又拒之不顾。当然,即使是必须自己做的事情,当你不会做的时候,也得向周围的人寻求帮助。

另外,觉得自己总是要别人来帮助的人也用不着悲观。如果认为他人对自己的热心给自己带来了幸福,那么也要把当时感受到的幸福传递给热情帮助自己的人。

第五章 在人际关系中展现自己的价值

通过这样的幸福传递,对方也会产生一种贡献感,于是就越发愿意去帮助他人了。

最后,就是要宽容。我觉得这一点对幸福而言特别重要。如果我们不能接受与自己想法不同的人,那么马上就会发生冲突。总想证明自己与对方哪个正确的人,是搞不好人际关系的。思考如何才能与人和睦相处,这很重要。为人宽容的意思就是,即使他人的想法与自己的想法不同,也能理解对方,至少会努力去理解。就对方而言,如果他觉得即使自己的想法不被赞同也得到了对方理解,那也是值得高兴的事情吧。

就这样,把自己的幸福展现给他人,有很多方式。

若是你感到自己现在很幸福,或者说发现自己是幸福的,然后把它展现出来,那么随着你的这种变化,周围的人也一定会发现自己其实也很幸福。

被拒绝的勇气

幸福是外在表现的东西

三木清说过,"只是内在的幸福不是真正的幸福"。

谈到幸福,很多人会想象那是一种内在的东西,是自己心里的一种状态,而三木清却认为幸福不只是内在的东西,还是"外在显现的东西"。那么在什么地方表现出来呢?就是表现在人际关系中。

人际关系错综复杂。可以说进入人际关系,就一定会经历受伤,或讨人嫌弃,或被人憎恨,或遭人背叛。因此,有人觉得与其被人伤害,不如与任何人都不来往,独自一人活着。产生这种想法也不奇怪。年轻人中有的不去学校,有的闭门不出。存在持这种态度的年轻人也毫不奇怪。估计没有一个人从来都没有想过今天不去上班的吧。

阿德勒对于这种情况是这么阐述的,他说:"所有烦恼都来自人际关系。"

第五章　在人际关系中展现自己的价值

是否有人际关系以外的烦恼呢？那也不是没有。比如死的问题，也属于人际关系。虽然没有人知道死究竟是怎么一回事，但能确定的只有死意味着分别。即便是相互并不亲近，老吵架的人，当你与他死别时，从某种意义上来说，也会不由得产生一种丧失感，觉得自己生活中的某一部分缺失了。这就是人际关系。因此，可以这样认为，就连死这个问题，也是人际关系的问题。

让自己拥有敢于进入人际关系的勇气

然而，幸福也是只有在人际关系中才能够获得。离开了人际关系，你自己一个人要想得到幸福是不可能的。

前面我们已经谈到过，在我生病住院的时候，医生对我说："请写书吧，因为书能留下来。"这意思是说书是可以留下来的，而我的身体则留不下来，所以说这位医生绝对不是在安慰我，而是根据我的病情尚处于不可预测的状态跟我讲的。但是，当听到他对我说"请写书吧"的时候，我则认为他的意思是保证我的身体能够恢复到可以写书的状态。是这位医生给了我活下去的希

第五章 在人际关系中展现自己的价值

望。之所以说一个人得不到幸福，是因为希望是他人给予的。

现在是我病愈后的第十一个年头，确实是恢复了健康。一有演讲的机会，就坐飞机到处跑，可当时真的想过自己就这样死了呢。

所谓"活着的喜悦和幸福"是从人际关系中获得的，并不是指实际上与谁的关系，也不是必须进入特定的人际关系中去。只不过当我们感到绝望的时候，把我们从绝望中挽救出来的是他人。我们说"活着的喜悦和幸福"是从人际关系中获得的，意思就是说希望都是他人给予的。

我想三木清自己并不知道自身的命运。他在战争中，因被怀疑藏匿了一位根据治安维持法受到检举的共产党员作家朋友，而被投入了监狱。

可是战争结束了他也没有被立即释放。他在监狱里感染上疥疮，肾衰竭，没有得到任何护理，从床上摔了

被拒绝的勇气

下来去世了。那是 1945 年 9 月的事情。如果战争一结束就马上被释放出来的话,他就不会死了吧。三木清就是那样死去的。

他应该从未想到自己会经历那样的人生吧。他年轻的时候写的《不可谈论的哲学》一书的草稿中有这样一段话:"我没能失去对未来的良好希望。"不是说"没失去希望",而是"没能失去希望"。为什么是"没能失去希望"呢?就因为希望是他人给予的。

既然希望是他人给予的,那么即使实际上并不是活在与某个人的关系中,我们也是活在与其他人的联系中。

当你认为他人是可怕的,是想要使你陷于困境的恐怖存在,那么我不认为你能从他人那里得到希望。

我们往往会把他人视为恐怖的存在。我自己也是如此。母亲死后,就剩我与父亲两个人生活了,可是与父亲一起生活很够呛,正因为是生活在同一个空间,所以气氛都显得格外紧张。

第五章 在人际关系中展现自己的价值

当我与父亲商量我结婚的事情时,也很害怕他会反对。我试探性地对父亲说,母亲在世的时候就一直期待着我能结婚。

没想到父亲当即就同意了。所以,想象中很可怕的事情,在现实中不一定会发生。当时我领悟到,要想感受活着的喜悦,首先自己得有勇气。

无论何时，相信自己是有价值的

要具备进入人际关系的勇气，必须认可自己是有价值的。因为意识不到自己有价值，就不能进入人际关系中。不过，是否反其道而行之的人更多呢？

为了不进入人际关系，就不承认自己有价值。因为当他们认为自己这种人没啥了不起的时候，是用不着进入人际关系的。他们是害怕，觉得自己都不能喜欢自己，怎么能让别人喜欢自己呢？但是，一旦人有了自信，就必须进入人际关系中去了。必须向自己喜欢的他或她表白了。可是这样一来，也许会被拒绝，会痛苦难受。有

第五章 在人际关系中展现自己的价值

的人一想到此,便会不知不觉地逃避人际关系。

然而,我们只有在人际关系中才能获得幸福,所以为了进入人际关系,我们必须认可自己是有价值的。

不要把他人想象得很恐怖,而是需要鼓起勇气把他人当作阿德勒所说的"伙伴"。也就是说,他人在必要时是会帮助自己的。我们再回到先前的话题,那就是要相信有给予自己希望的人存在。

当你感到自己以某种方式在为他人做贡献的时候,就能够认识到自己是有价值的。要得到这种感觉,做些什么才好呢?总之,现在你首先只能为他人做自己力所能及的事情。

我的一位朋友说他决定早上在车站向与自己擦肩而过的人说"早上好"。即使不相识的人,你跟他打招呼说"早上好",他也会很高兴的吧。但是,一开始他很害怕。因为他说话结巴,做不到心里想什么就说出口,一直感到很痛苦,总以为别人会因他口吃而看不起他,笑话他。

被拒绝的勇气

我问他如果别人讲不出话来,他是否会笑话。于是他意识到不可能会发生这种事情的,便暗自下定决心第二天早上要跟别人打招呼。结果,十个人当中有八个人也都回头给他打招呼说"早上好"。他开始感觉到自己是有价值的。

无论生与死,都要相信自己拥有独一无二的价值

这位朋友是通过打招呼这一行为获得贡献感的。但要获得贡献感,我们能做的不仅仅是行为。

正如前面叙述过的,我生病时曾这样想:自己身体动弹不了,失去了工作,只会给家人添麻烦,这样的我还有活下去的价值吗?

然而,病倒以后经过了好几天,我想到了一件事情。我突然想到,如果生病住院的不是我,而是家人或是好

第五章 在人际关系中展现自己的价值

友的话,那我会怎样做呢?我肯定会火速前往医院探望吧。这时,家人或朋友的病情无论有多重,我也会觉得只要他活着就好。

我想同样的道理没有理由不可以套用在自己身上。也就是说,我虽然徘徊在生死边缘,但一定有人会因我这样活下来了而感到高兴的,我意识到自己活过来就是对他人的贡献。

对我来说,这么想难度有点大。但即使完不成什么事情,如果你能够意识到只要自己存在,只要自己活着,就是为他人做贡献,你就能感受到自己是有价值的。如果能感觉到自己有价值,那么就能进入人际关系中去,就能获得幸福。希望大家能这么想。

若说活着就是贡献,可能会立刻遭到反驳吧。难道死就不能为他人做贡献了吗?这要是为死去的人着想,你难道还认为他能做贡献吗?

对死去的人而言,他既不能触摸,不能目睹,也不能闻声。从这个意义上来说,死就是永别。三木清对此是怎么阐述的呢?他说:"与死者有可能再见面。"并说那就是在你自己死的时候。他说只要你还活着,就绝对不可能与死去的人再见面了,但如果你死了,或许有可能与其再见面。我很能理解这种心情。

我觉得虽然我们不能在死者的世界与其再见面,但是死者所说的话我们是永远不会忘记的。现在也是,我偶尔会想起父母说过的话。

按照这种形式,人无论是在活着的时候,还是在死了以后都能为他人做贡献的。

怎样面对束手无策的未来

---- **咨询**: --

心爱的人患了重病。自己却什么也帮不了,觉得自己很没用。

如何才可以帮到他呢?

▫ ▫ ▫

得知心爱的人患了重病。

听说他患了晚期癌症,医院说无法动手术了,虽然正接受着抗癌药的治疗,但还是到各家医院去寻找

被拒绝的勇气

是否有治好的可能性。

我没有医学知识,无法做一些有助于他的事情,而且也不知道该跟他讲些什么,只能在一边发呆。觉得自己很没用。

(主妇,49岁)

----**回答:**----------------------------------

相信心爱的人。如果能去探望他的话,那就珍惜与他在一起的时光。

必须相信心爱的人。

你要相信他明白自己所处的状况,并能够应对只有他自己才可以解决的问题。

我不是说因此你就什么也不必做了。就算你什么也做不了,除了相信他有能力自己应付病痛之外,你当然

第五章 在人际关系中展现自己的价值

想要帮助正与病痛作斗争的他。

但是，即使你有心去帮助他，有时候也不知道该如何去帮助。如果你不知道自己能做什么，那么你可以问他一下"有没有什么事情我能做的"。其实我想，这种时候应该没有什么人知道自己该怎么做。

就算你什么也做不了，也不知道该跟他说些什么，如果能见到他，难道你不想去见他吗？如果去了，你对他说"因为担心所以就赶过来了"就可以。

有一个我经常会想到的情节。

主治医生对生病孩子的父母说，孩子已经没有康复的希望了。

阿德勒则对主治医生说："凭什么你可以这样对我们说？你怎么能知道之后会发生什么事情呢？"

今后会发生什么事情还未定。

谁也不知道将来会发生什么。

你可以做的，只有珍惜与他共同度过的时光。

如何面对非理性的爱人

----- 咨询： -----------------------------------

未婚夫的借钱问题解决过一次又再次发生。
我可以就这样跟他结婚吗？

▫ ▫ ▫

我和已与之订婚的男士在一起生活。同居有两年时间了，准备近期就领证，而且也都通知了双方父母、兄弟姐妹和朋友。大家都很高兴地祝福我们。未婚夫不懂管理金钱，沉迷于赌博，有多少钱花多少钱。因此，刚开始同居时，我还管着他的工资，每个月给他零用钱。

同居了半年，我发现他在外借钱。好像一直是借了钱就去赌博，当我知道的时候，他已经欠下了一百万日元的债务。

经过多方商量，他保证今后不再借钱，玩赌博控制在零用钱范围内，讲明不许使用已有用途的钱，以此为条件，一百万日元债务的偿还由我负责管理，两个人合作一起还债。总算是快要还清了，所以就决定登记领证吧，可谁知发现他又在外面借了钱。前几天好像是因为他没还借贷的钱，我接到了催债的电话，还收到了寄来的新申请的贷款卡，我一想到不知道他又在外面借了多少钱，就整夜睡不着觉。

他本人还瞒着我，以为不会被发现的，一副满不在乎的样子。登记领证在即，我内心却不再相信他了，只有不安。周围人都祝福我们，还送来了贺礼，我也很难轻易下决心取消婚约，今后该如何相处下去呢？对结婚也感到很苦恼。

虽然最终还得由我自己来决定，但我还是想找您咨询一下，希望您能给我一些意见，请多多指教。

（打零工，39岁，女性，大阪府）

回答：

虽说爱一个人会非理性到极致，不过结婚前有几点应该慎重考虑。

我想，很多情侣都存在结婚前必须解决的问题。

不是什么大的问题，也可以结了婚以后再慢慢解决，但是有关他借钱的问题，我认为还是结婚前解决了为妥。

并不是说有问题就不能结婚。如果说即使有问题也准备要结婚，那不是因为问题解决了，而是因为双方明

第五章 在人际关系中展现自己的价值

白两个人齐心协力就能解决问题。

实际上结了婚也会产生问题。如果坚信产生问题时两个人也能齐心协力解决问题,那么就可以结婚。相反,如果不这么认为,那么就会担心到时候说不定又会发生同样的问题,就下不了结婚的决心。

我想你在同居时能够解决他的贷款问题,这很好。但只是做了还清债务和管理工资的规定,问题还是没有解决。

问题不在于借钱本身,而在于他借钱是为了赌博,然后,眼看着快要还清了又去借钱,而且还瞒着你。更有甚者,他还以为没有被发现,一副满不在乎的样子,这也是问题。

债务本身只要还清了就解决了,可隐瞒借钱的做法根深蒂固,是个很难解决的问题。这个问题不解决,结了婚就有很大的风险。

为了解决问题,必须重新考虑以下几点:

被拒绝的勇气

在解决债务问题时，是不是你单方面提出解决方案的？

如果是你单方面提出解决方案的话，那就不属于协助他解决问题了。重要的是问他自己觉得该如何解决，要两个人商量。

你信上说他不懂管理金钱，有多少钱用多少钱，如果他不认为像他那样用钱有问题，那就只能告诉他这样有多少钱用多少钱，生活就难以维持了。

但是，如果他明知不能够借钱，你却还跟他说他再借钱去赌博的话就无法维持生活了，那他一定会有抵触的吧。因为他隐瞒了借钱的事情，说明他应该很清楚自己的所作所为。

这样的话，你得想一想，是不是你令他想要隐瞒借钱的事实。当然，我很明白你为什么说不能相信一再借钱的他，但重要的是，你没有用事实证明是他自己做错了事情，就去协助他解决问题。那也可以认为是他对你

第五章　在人际关系中展现自己的价值

管理工资，给他零用钱这样的生活感到不满。当然，他肯定知道是他自己错了，所以他接受了。

再次慎重考虑了以后，你不能再沉默了，必须对还以为没被发现、一副满不在乎的样子的他说清楚。这不是相信不相信他的问题。一定不能灰心，要耐心地与他对话。

如果经过商量，依然发生同样的事情，或许就不该结婚了，至少也要延期。不能因为已经得到了父母、兄弟姐妹和朋友的祝福，就只好不情愿地跟他结婚，这不是很奇怪吗？

如果即便如此你仍然想跟他结婚的话，当然任何人也拦不住。我觉得还有协商的余地，所以给你提几个建议，你可以尝试一下是否这样处理。

就算再次出现同样的事情，那也是你选他作为自己人生伴侣的责任，结婚就意味着要承担这个责任。我想你要是向周围的人提起他借钱的事情，恐怕大家都会反

被拒绝的勇气

对你们结婚的。他们肯定会说不要特意去跟明知有问题的人结婚，等等。

但是，人生中谁也不是都能按照逻辑来决定事情的。

可以说，爱一个人会非理性到极致。

活在当下，但也要有打破现状的勇气

咨询：

雷曼金融危机以后丢了工作，患上了心理疾病。已经好多年没笑过了。

◻ ◻ ◻

我的人生处于绝望中，提不起活下去的精神来。经常想到去死，但又没有自杀的勇气。我现在五十六岁，曾在一家设计公司工作到五十岁左右，一直从事着自由合约制的广告设计。工作也挺顺利。建造住宅

被拒绝的勇气

的贷款也还清了,两个儿子也没有依靠奖学金,我都供他们大学毕业了。

可是,自从那场雷曼金融风暴以后,我与客户的生意渠道一个接一个地断掉了,工作难以继续维持。对于一直以来只从事广告设计工作的五十来岁的人来说,几乎没有重新就业的可能。我也应聘了很多行业的招聘,全都没有被录用。现在为了生存,无可奈何只得去一家派遣性风俗店工作,做一些模板和宣传广告设计,为女孩子的画像加工,等等。觉得自己很可怜、很可悲。收入还不到四十岁时的一半。

那家店表面上是一家株式会社,但是既不给社会保险也没有雇佣保险。工作内容不好,工作环境也恶劣,在二流子一样的经营者的影响下,那里完全就是一个垃圾场。

我对家里人从未提起过自己在做那样的工作,一想到我的工资是从那些卖身女子所赚来的钱中抠出来的，心里就忍受不了。因此患上了心理疾病，一直在看心疗内科。已经有好多年没笑过了。但为了吃饭还是得工作。感到很痛苦。我有没有什么办法可以从这现实中逃脱出来呢？

（56岁，男性，爱知县）

回答：

人怀念过去都是在没有勇气改变现状的时候。

——我送你一句阿兰·德波顿的名言。

要说有没有从现实中逃脱出来的方法，那肯定是有的。不过，你必须为此下很大的决心。

首先，必须考虑现在的工作怎么办。如果对于工作的内容、职场的环境难以满足，也很难改善的话，那只有转换工作了吧。

被拒绝的勇气

也许你会说现在是不可能辞职的，但是如果你真想从现状中解脱出来，就必须有所行动。幸好你的房贷也还清了，儿子们也从大学毕业了，所以也并非不可以简朴地度过今后的人生。

其次，必须忘却过去的辉煌。放手过去，有时候并不是一件简单的事情。但是我认为，你只能接受再也回不到过去的现实，从现在能做的事情开始。人们怀念过去，往往是因为改变不了现在的生活方式。

最后，要相信家人。你说从未向家人提起过现在的工作，我建议你是不是该坦率地告诉家人。因为他们一定会感谢你一直以来这样努力地为他们工作着，我认为他们一定不会责难你的。

你说已经有好几年没有笑过了。我想起了法国哲学家德波顿曾经说过这么一句话：

"人不是因为幸福而笑的，是因笑而感到幸福。"

请你尝试一下，每天早上从笑开始一天的生活。

后　记

本书是由过去的演讲内容、对人生咨询的回答以及有关"挫折"问题的采访记录三个部分组成的。三者有一个共同的主题——"幸福"。

长期以来，我对幸福一直进行着思考，就我而言，思考这个问题的最大动机就是在《被讨厌的勇气》一书及其完结篇《幸福的勇气》一书中就"幸福"进行了阐述。还有就是，有机会集中地重温了从学生时期就时常接触并阅读的哲学家三木清的著作。我之所以会重新去阅读三木清的著作，是因为那一年NHK电视台的《百分百名著》

被拒绝的勇气

节目开始介绍三木清最知名的著作《人生论笔记》。

时隔许久，再次阅读三木清的《人生论笔记》，我发现三木清有关幸福的阐述开门见山。之所以使用了"开门见山"一词，是因为我感到有关"为何不幸""人为何苦恼"的问题，有太多的人进行过论述，而且不遗余力，但是对于幸福的问题，却鲜有人提及。

并不是没有关于幸福的书。然而，这些书不是说什么"用不着做什么就可治愈"的幻想说教，就是拼命鼓吹人生将如你所愿之类。尽管追求幸福在西方是古希腊以来探讨的中心主题，但是连我这类从学生时期就开始学习哲学的人，时而也会对有关幸福的研究敬而远之。

哲学家池田晶子说过，她想尽办法想要去抓住"幸福"，可幸福总是哧溜一下逃走了。据说有一本杂志开辟了有关幸福论的栏目，结果半途而废。

池田说："根据传闻，历史上有许多哲学家向幸福论发起过挑战，旋即便败下阵来了。"（《问理性》）

接着她还说:"这些问题不应该成为开门见山来讨论的对象。"

三木清却正是按照理性,开门见山地对幸福进行了阐述。本书的宗旨亦是如此。幸福与幸福感是不同的。何谓幸福,只有通过理性才能够阐明。

正如三木清所说,拥有健康的胃的人感觉不到胃的存在,若是如此,那么我们就幸福进行思考,或许已经是不幸的前兆了。但是,现在很像三木清生活的那个年代,我们必须比三木清更直接地去思考个人的幸福和人类的幸福。

当然,"何谓幸福"这样的问题,虽然不是简单地就能回答的,但我想本书或许可以提供一条进行思考的路径。

首先要说的是,成功与幸福是截然不同的。那些被许多人作为自己人生目标的,不是幸福而是成功。为了追寻世俗的成功,很多人战战兢兢,害怕被否定,害怕

被拒绝的勇气

被美好的未来拒绝。

三木清说过,相对幸福是"存在"而言,成功则是"过程"。为了成功,你必须要完成一项什么工作。但是,即使没有完成什么事情,你现在也可以就这样幸福地"存在"。

相反,即使你没有完成任何事情,或者是失去了一些什么,也不代表就是不幸了。

人们认为要取得成功必须得完成某项工作,如上了好的学校,进了好的单位,等等。借用三木清的话来说,因为那是"普遍性的东西",所以容易被理解,但并不是说所有人都只能过那样的人生。比如,年轻人因为听从了父母的建议上了某所学校,结果对自己的人生产生了怀疑,这也是绝对有可能的。

另外,套用三木清的话来说,幸福是"个人独有的",所以幸福的存在因人而异。从这个意义上来讲,年轻人要追求自己的幸福,有时候会遭到父母的反对。

但是,成功了不一定就是幸福。即使你取得了令人

后 记

羡慕的成功,这种"普遍认为"的幸福毫无意义,你若非实际幸福地"存在",就没有意义。

其次,我觉得把成功看作幸福的人,很多时候只是从自己的价值能做什么这种生产效率的角度来看问题,但人的价值是不能够用生产效率来衡量的。

我们有时候看到一些人发出豪言壮语,说人生将如己所愿。但是,当这些人还有条件认为生老病死与己无关的时候,或许会觉得很幸福,可一旦遇上突发事件,如遇到了事故和灾害,或者不小心病倒了,当他有了这样的经历,他就会明白人生绝不是随心所欲,就会感到一下子跌落到万丈深渊了吧。

人的价值在于生存。然后,能够做些事情的人就可以通过自己所做的事情对他人有所贡献。我给年轻的初中生、高中生做演讲的时候也说过,要运用自己拥有的才能为他人做贡献。但是必须知道,即使年纪大了,不能做很多事情了,自己的价值也不会降低的。

被拒绝的勇气

还有，人生就是含辛茹苦。前面所提到的认为人生能如己所愿的人，可以说是乐天主义者吧。那样的人一旦遇到什么事情阻碍了自己的人生前途，可能就会逃避现实，认为总会有办法的。

另外，有的人面对不合理的悲惨事件，被彻底打垮了，产生了绝望，觉得无可奈何，这样的悲观主义者就会无所作为，束手待毙。

人生并非有苦有乐，我觉得还是把人生视作苦行，似乎更接近人生的真谛。人生虽苦，但有的人会正视现实，去思考做一些力所能及的事情，这样的人既非乐天主义者，亦非悲观主义者，可以说是乐观主义者。

如果面对如此艰苦的现实，也能够做一些力所能及的事情生活下去，这就好了，可是我们一旦遇上极不合理的事情，就会感觉自己被成功排除在外了，马上就会觉得不幸福了，这也很正常。

犹太教的拉比（神职人员）哈罗德·库什纳有一个

后　记

三岁的儿子患上了罕见的疾病，被宣告说只剩下十几年的命了（《为何只有我受苦——现代约伯记》）。

库什纳说，只能接受这不合理的现实，而不是把这种不合理的现实看作无可奈何而弃之不顾，虽然很难防止悲惨的不合理的事情发生，但我们要有克服不幸的勇气与忍耐力。

库什纳告诉我们，这种力量除了神以外，我们不能从任何地方获得。这里之所以言及神，当然是因为他是拉比。但是，人类绝不是脆弱无能的存在，即使遭遇不幸事件，也不会因此而被打垮。

就像阻挡鸽子的空气不会妨碍其飞翔，相反会帮助鸽子飞翔那样，看上去只会给我们带来苦难的事情，相反也可以成为帮助我们度过人生的力量。

最后我想说的是，人只有在"当下"才能够获得幸福。

"现状就是如此。我今后该做些什么？"

被拒绝的勇气

　　库什纳的发问，不是将焦点集中在过去的苦难上，即不是问为何自己及家人会遇到这样的事情，而是从这些问题中摆脱出来，将目光投向未来。

　　严谨而言，我们不是要问"今后"，而是要问"现在"该做些什么。为什么呢？因为过去已经过去，未来也还没有到来。再严格一点来讲，与其说未来还没有到来，极端而言，那就是"没有"未来。回想已经消逝的过去不用后悔，展望未来无须不安。虽然我们要只为了今天这一天而活着，存在想象不到的困难，但在"当下"幸福地"存在"，你是可以做到的。

　　这次，也一直受到负责编辑的福岛广司先生和木田明理先生的关照，我在此谨表示深深的感谢。

2018 年 3 月

岸见一郎